粤港澳大湾区城市基础设施设防水位研究

张大伟　黄伟杰　郭　珊　著

黄河水利出版社
·郑州·

内容提要

本书采用传统水文水利计算方法、水动力数学模型、管网数学模型、溃坝分析等手段计算确定城市基础设施的设防水位。其主要内容包括粤港澳大湾区基础设施概况、城市洪涝灾害及成因、城市雨洪径流特性及城市水文分析方法、城市排水与排涝系统之间的关系、城市排水与排涝有效衔接的技术框架、城市基础设施洪涝灾害防御对策及案例分析等方面的介绍。

本书可供从事城市雨洪、洪涝灾害防控等相关设计、施工及科研等部门技术人员和管理人员使用，同时可供科研人员、高等院校和相关科研院所参考使用。

图书在版编目(CIP)数据

粤港澳大湾区城市基础设施设防水位研究/张大伟，黄伟杰，郭珊著.—郑州：黄河水利出版社，2021.1

ISBN 978-7-5509-2895-4

Ⅰ.①粤… Ⅱ.①张…②黄…③郭… Ⅲ.①市政工程-排水系统-研究-广东、香港、澳门 Ⅳ.①TU992.03

中国版本图书馆CIP数据核字(2021)第010783号

出 版 社：黄河水利出版社　　网址：www.yrcp.com

地址：河南省郑州市顺河路黄委会综合楼14层　　邮政编码：450003

发行单位：黄河水利出版社

发行部电话：0371-66026940、66020550、66028024、66022620(传真)

E-mail：hhslcbs@126.com

承印单位：广东虎彩云印刷有限公司

开本：787 mm×1 092 mm　1/16

印张：10.5

字数：243千字

版次：2021年1月第1版　　印次：2021年1月第1次印刷

定价：68.00元

前　言

城市是一定地域的政治、经济、文化中心，是现代社会发展的引领核心，随着我国城市化进程的加快，大量人口涌入城市，城市一旦受灾，损失巨大。城市基础设施为城市系统的重要组成部分，是城市综合服务功能的物质载体，也是城市赖以生存和发展的基础。城市基础设施对城市经济发展和环境保护具有深远的影响。它既是城市建设的主体部分，又是城市经济、社会发展的支撑体系。它的安全关系到人民生命财产的安全，也制约着城市经济、社会、环境的协调发展。基础设施的完备程度直接影响城市生产、生活等各项活动的开展。

城市的正常运转依赖于各类基础设施与生命线系统，系统在关键点或面上一旦因洪涝而遭受损害，会在系统内以及系统之间形成连锁反应，甚至出现灾情的急剧扩展，使得受灾范围远远超出实际受淹范围，间接损失甚至超过直接损失。

新时代发展背景下，为进一步有效地应对洪涝灾害不确定性所带来的风险，确保城市基础设施建设和运营安全，研究复杂下垫面条件下城市洪涝灾害成因与对策，解决基础设施设计中碰到的复杂工程水文问题，具有很好的实际应用价值及广泛的应用前景。本书采用传统水文水利计算方法、水动力数学模型、管网数学模型、溃坝分析等手段计算确定城市基础设施的设防水位。书中涉及工程主要有车辆基地、地面车站、地下车站口部工程等，根据各工程所在区域洪涝特性，分别采用相应手段计算得到了设防水位。

本书研究内容包括粤港澳大湾区基础设施概况、城市洪涝灾害及成因、城市雨洪径流特性及城市水文分析方法、城市排水与排涝系统之间的关系、城市排水与排涝有效衔接的技术框架、城市基础设施洪涝灾害防御对策及案例分析等方面的介绍。本书第 1 章由黄伟杰、张大伟撰写，第 2 章由李慧婧撰写，第 3 章由郭珊、刘红岩撰写，第 4 章由黄伟杰、张大伟撰写，第 5 章由张大伟撰写，第 6 章由李青峰撰写，第 7 章由马喜荣、刘红岩撰写。全书由张大伟统稿，黄伟杰定稿。

粤港澳大湾区三面环山，一面临海，城市洪涝灾害同时受洪、潮、涝三方面的影响，加之城市化后水文条件极其复杂，受分类活动影响大。由于作者水平有限，书中难免存在缺点和错误之处，欢迎专家学者和广大读者斧正，以便更好应用于实际。

本书编写过程中，参考和引用了多位作者的数据和研究成果，在此表示衷心的感谢！

作　者

2020 年 12 月

目 录

第 1 章　绪　论

1.1　城市基础设施及其在经济社会发展中的地位

城市作为集社会、生态、经济和基础设施等子系统于一体的复杂巨系统，各子系统之间相互作用和影响，决定着城市的发展状态与发展趋势。作为城市系统的重要组成部分，基础设施是城市综合服务功能的物质载体，城市赖以生存和发展的基础，具有自身特有的演化规律和行为模式。城市基础设施既关系到当前经济建设，又关系到未来经济发展。一方面，良好完善的城市基础设施，对经济活动也起着后勤和安全保障作用；另一方面，经济建设又促进了城市基础设施的发展。城市基础设施完备与否甚至决定着一个城市的成败，无论是在使生产多样化，扩大贸易，解决人口增长问题方面，还是在减轻贫困及改善环境方面，城市基础设施都发挥着重要的作用。

城市基础设施与经济发展相互影响和相互作用，两者之间存在互馈机制。城市基础设施是经济系统持续、稳定增长的需求。经济持续增长与繁荣始终是一个重要推动力，它能够有效地完善与提高城市基础设施，改善城市居民的生活水平，创造显著的经济效益。地区经济的发展必须建立在稳定的区域基础设施之上，通过中心城市的辐射力影响周边城市的经济系统结构和发展速度，推动经济带的形成和发展。

城市基础设施对城市经济发展和环境保护具有深远的影响，但整体情况依然不容乐观。长期以来，我国城市基础设施发展与城市发展和安全需求相协调的良性发展循环尚未形成，设计与规划缺乏长远考虑，造成大量的资源浪费和环境恶化。与发达国家相比，我国城市基础设施处于相对滞后发展的状态。改革开放以来，这一状况虽然得到改善，但仍跟不上城市人口的增长和工业发展的速度，严重制约着城市经济和环境保护事业的发展。特别是，道路交通设施滞后于经济发展。城市工业的发展使道路交通负载过重，远超其负载能力，交通设施的相对滞后，降低了运输效率。

1.2　粤港澳大湾区城市基础设施分类

1.2.1　城市基础设施分类

城市基础设施主要分为两类，分别是工程性基础设施和社会性基础设施。工程性基础设施一般指能源供给系统、给排水系统、通信系统、环境卫生系统、道路交通系统等五大系统。社会性基础设施则指城市行政管理、文化教育、医疗卫生、基础性商业服务、教育科研、宗教、社会福利及住房保障等。

本书中主要讲述的城市基础设施为工程性基础设施中道路交通系统。道路交通系统主要包括对外交通设施、对内交通设施。对外交通设施主要包括航空、铁路、航运、长途汽车和高速公路,对内交通设施包括道路、桥梁、隧道、地铁、轻轨高架、公共交通、出租汽车、停车场、轮渡等。

1.2.2 城市基础设施现状

目前,粤港澳大湾区的基础设施建设仍处于初始阶段,基础设施的网络效应还未形成,城市间的联络还不够。对此,在进行粤港澳大湾区内基础设施投资建设时,需综合多方因素进行长远规划,极力构建完善的城市基础设施网络,且需进一步探索基础设施的提升方案。在进行基础设施投资建设时,应综合考虑多方因素进行长远规划,同时推行基础设施的梯度建设,不断提升基础设施,利用基础设施的带动作用发展与当地相适合的特色产业,培养核心竞争力。各城市的经济发展,需与该城市的经济发展情况和高等基础设施建设难度与必要性联系起来,在继续推进基础设施建设时,不能盲目建设高等基础设施,需根据不同城市的实际情况,推行基础设施的梯度建设。粤港澳大湾区建设的出发点是通过加深各个城市间的联系,以促进粤港澳大湾区各城市协同发展。加强各城际间基础设施网络建设力度,利用基础设施的带动作用,发展与当地相适合的特色产业,加强各城市之间的产业合作,促进产业集群的形成,鼓励各城市发展核心竞争力,鼓励创新,从整体上推动区域经济的发展。

加强基础设施建设,构建现代化的综合交通运输体系,畅通对外联系通道,提升内部联通水平,推动形成布局合理、功能完善、衔接顺畅、运作高效的基础设施网络,为粤港澳大湾区经济社会发展提供有力支撑。根据《粤港澳大湾区发展规划纲要》,大湾区基础设施网络包括港口、机场、高速铁路、快速铁路、城际铁路、高速公路和高等级公路等组成的综合交通运输体系。具体表现在以下几个方面:①提升珠三角港口群国际竞争力。巩固提升香港国际航运中心地位,增强广州、深圳国际航运综合服务功能,进一步提升港口、航道等基础设施服务能力,增强港口群整体国际竞争力。②建设世界级机场群。巩固提升香港国际航空枢纽地位,强化航空管理培训中心功能,提升广州和深圳机场国际枢纽竞争力,增强澳门、珠海等机场功能,推进大湾区机场错位发展和良性互动,推进广州、深圳临空经济区发展。③畅通对外综合运输通道。完善大湾区经粤东西北至周边省区的综合运输通道。加快构建以广州、深圳为枢纽,高速公路、高速铁路和快速铁路等广东出省通道为骨干,连接泛珠三角区域和东盟国家的陆路国际大通道。④构筑大湾区快速交通网络。以联通内地与港澳以及珠江口东西两岸为重点,构建以高速铁路、城际铁路和高等级公路为主体的城际快速交通网络,力争实现大湾区主要城市间 1 h 通达。加强港澳与内地的交通联系,推进城市轨道交通等各种运输方式的有效对接,提升粤港澳口岸通关能力和通关便利化水平,促进人员、物资高效便捷流动。⑤提升客货运输服务水平。推进大湾区城际客运公交化运营,推广“一票式”联程和“一卡通”服务。构建现代货运物流体系,加快发展铁水、公铁、空铁、江河海联运和“一单制”联运服务。加快智能交通系统建设,推进物联网、云计算、大数据等信息技术在交通运输领域的创新集成应用。

1.3 城市基础设施抗洪涝风险能力分析

1.3.1 城市基础设施的重要性

城市基础设施既是城市建设的主体部分,又是城市经济、社会发展的支撑体系。城市基础设施安全关系到人民生命财产的安全,也制约着城市经济、社会、环境的协调发展。基础设施的完备程度直接影响城市生产、生活等各项活动的开展。由于基础设施在城市整体发展过程中的作用至关重要,因此要充分发挥其对城市发展的影响力,必须将其自身的发展与城市经济、社会和环境的发展紧密结合,提高其促进城市经济、社会和环境发展的积极作用。

城市交通基础设施的经济效益主要指它通过外部效应和溢出效应对城市经济发展所产生的积极影响。城市基础设施的建设,离不开大量的资本和建筑材料,该需求会刺激相关的固定资产投资的增加,有助于吸引投资。城市基础设施的运营,可以提高城市的生产总值,从而促进城市的经济增长。高精尖的公共运输系统种类繁多,包括飞机、地铁、轻轨、巴士、电车、出租车、索道、缆车、渡轮等,交通的便利带来的是四通八达的经济发展。公共住宅和淡水资源基本满足人们的日常需要,城市的改造和重建极具创意并且耐用多年。总而言之,基础设施的建设、运营和完善,会对城市经济发展产生积极影响,同时也有利于实现基础设施经济效益水平的提高。基础设施不仅有助于城市的经济发展,还可以改善城市居民的生活条件,促进城市社会的进步。

城市公共交通基础设施的社会效益主要指它在促进城市社会进步过程中的积极作用。城市基础设施社会效益的发挥主要通过以下途径实现:①收入效应。城市基础设施为其他社会部门的生产经营活动提供条件和中间产品,促进整个社会总产出的增加,增加居民收入,提高人民生活水平。②就业效应。城市基础设施主要通过不同途径带动社会就业,一是本部门经营管理活动需要直接人员投入;二是带动相关产业发展创造新增就业;三是作为市场交易的“润滑剂”,为再就业提供便捷条件,提高再就业率。③减贫效应。城市基础设施对经济增长的影响通过涓滴效应提高了低收入者的收入水平,与此同时,城市公共基础设施为农业发展、农村剩余劳动力的转移,以及城市低收入群体的就业提供了条件,从而提高了城市低收入者及农村贫困家庭的收入水平。④潜在效应。除增加就业、提高收入等作用外,城市基础设施可通过提升人口素质、发挥品牌效应等方式提高城市软实力。

城市基础设施的环境效益主要指它对保护城市自然生态环境的影响。提高城市交通基础设施的技术水平有利于减少能源消耗,降低污染物排放量,保护城市环境。党的十九大报告明确指出,建设生态文明是中华民族永续发展的千年大计,必须树立和践行绿水青山就是金山银山的理念,统筹山水林田湖草系统治理,实行最严格的生态环境保护制度,形成绿色发展方式和生活方式,坚定走生产发展、生活富裕、生态良好的文明发展道路,建设美丽中国,为人民创造良好生产生活环境。在社会经济继续保持快速增长速度的同时,需要把生态文明建设作为促进可持续发展的内在动力,推进城市基础设施发展,加快体制机制创新,积极探索生态文明建设的新模式,为打造生态文明建设城市提供坚实保障。

1.3.2 洪涝灾害与基础设施的关系分析

城市的正常运转依赖于其各类基础设施与生命线系统,如交通、通信、互联网、供水、供电、供气、垃圾处理、污水处理与排水治涝防洪等。这些系统在关键点或面上一旦因洪涝而遭受损害,会在系统内以及系统之间形成连锁反应,甚至出现灾情的急剧扩展,使得受灾范围远远超出实际受淹范围,间接损失甚至超过直接损失。洪涝灾害将影响城市的正常运转,导致城市进水受淹或发生内涝、房屋坍塌、停工停产。城市固定资产的损失、城市命脉系统的损坏、次生灾害的发生,都将造成重大经济财产损失,社会影响严重。

我们应该不断提高政府保障公共安全和处置突发公共事件的能力,最大限度地预防和减少突发事件及其造成的灾害,保障公众的生命财产安全,维护国家安全和社会稳定,促进经济社会全面、协调、可持续发展。但是,对于大型城市,特别是其中心城区,人口众多、地势平坦、道路房屋密集,特别是高楼大厦较多,这种特殊的地形、交通条件,使得人民避险转移十分困难。在这种情况下,更应该合理规划基础设施,在发生洪涝灾害时,保证转移路线安全。

人民群众的生命财产安全是最基础和最根本的民生,水务工作必须多谋民生之利、多解民生之忧,坚决遏制重大安全事故,提高城市应对风暴潮、洪涝灾害等的防灾减灾能力。人民安全感的满足必然对城市水安全提出更高的要求。通过对比研究发现,在城市洪涝防治方面取得成效的先进城市,其采取的防洪标准相对较高,对于防洪工程达标率严格保证。

1.4 水利工程对基础设施洪涝防御分析

1.4.1 水利设施的现状和存在的问题

水是生命之源、生产之要、生态之基。兴水利、除水害,事关人类生存、经济发展、社会进步,历来是治国安邦的大事。粤港澳大湾区目前已基本建成主要由水库、滞洪区、河道、雨水管网、排涝泵站、海堤等构成的防洪(潮)、排涝工程体系,管理及应急救灾水平和能力日趋提升,防洪减灾体系不断健全。经过近几年的发展,大湾区水利设施建设取得了较为显著的发展,总体处于国内城市领先水平,有力保障了经济社会的高速发展。

城市内涝防治工程是在大暴雨条件下管理和约束超过雨水排水管网工程排水能力,避免因为积水造成灾害的工程。排涝河流是城市排水的下游受纳水体,排涝河道通畅是城市排水系统正常工作的保障。城市排涝工程将城市区域作为保护对象,以排涝河流作为设计对象,根据设计暴雨确定排涝河流断面和坡度。防洪工程是重要的防洪减灾措施,包括堤防工程、水库工程、蓄滞洪区工程以及河道治理工程。城市盲目扩张,导致地表径流量增加,受到城市中的调蓄渗透能力较差及河道地下管网建设不合理的影响,排水系统无法达到城市中的标准排水要求,常引发严重的城市内涝问题。

新时代发展背景下,为进一步有效应对洪涝灾害不确定性所带来的风险,应不断加强灾害天气洪涝的预警、预报能力建设,进一步降低洪涝损失。大湾区在加速弥补基础设施短板、完善水务信息化建设和全面提升监管能力、加强建设高素质人才队伍、加大投入基础科研以及推动高水平行业科技孵化和应用等工作领域深化努力的同时,需要重点突破和解决水与城市和谐发展的问题,主要表现在"有限水资源总量约束与城市高质量和高品质发展水资源需求的矛盾"和"有限土地资源总量约束与水利设施发展空间需求的矛盾" 两个方面的困境和挑战。

城市快速扩张限制水务发展用地空间,土地供需矛盾升级。随着城市的高速发展,由于土地资源的限制,城市建筑和基础设施建设与水务设施建设和保护的拓展空间以及水生态环境的保护空间之间存在一定的竞争与约束关系。面对土地资源约束的问题,未来城市发展亟须创新发展理念,将城水空间有机融合,水利设施建设等与其他行业土地利用相融合,提升土地资源的综合利用效能。其中,需要具体解决或突破的事项包括:①编制水利设施用地规划。在坚持节约集约用地和土地复合利用基本原则下,提出规划建设水利设施用地规划和标准。②适宜标准的制定。因地制宜,结合城市发展定位和防护目标确定科学的洪涝防治标准、废水处理排放标准等。③海绵城市建设统领。引领面源污染控制、洪涝防治设施与城市空间高效融合,通过城水空间融合,缓解土地资源与水务基础设施空间需求矛盾。④地下空间的合理规划和优化利用。

1.4.2 城市基础设施洪涝防御标准

交通运输是重要的国民经济基础产业,对经济社会发展具有战略性、全局性影响。加快完善广东省综合交通运输体系,更好发挥交通运输在经济社会发展中的支撑引领作用。根据《广东省综合交通运输体系发展"十三五"规划》,对交通运输提出新要求,经济发展新常态要求交通运输加快转型升级;加强国际区域合作要求交通运输强化门户地位;区域协调发展要求交通运输发挥支撑引领作用;全面建成小康社会要求交通运输提升服务质量。"十三五"时期,全面推进综合交通运输体系发展必须遵循以下规则:增强实力,协调发展;开放共享,一体发展;深化改革,创新发展;安全绿色,永续发展。

城市基础设施洪涝防御标准依据相关专业规范和《防洪标准》(GB 50201—2014)。《防洪标准》(GB 50201—2014)中明确铁路、公路和民用机场防御标准,根据相关规程、规范要求,本书中采用的城市基础设施防御标准为100年一遇。

1.4.3 城市基础设施与水利设施防御标准关系

水利设施防御标准根据保护对象重要性、城市等级及保护范围等因素综合确定,而城市基础设施的防御标准根据其重要性而确定,二者一般情况下会存在一定的差异,城市基础设施的防御标准高于水利设施防御标准。另外,城市基础设施的防御标准需系统考虑洪、潮、涝多方面综合影响,复杂性高于水利设施的防洪标准。

第2章　城市洪涝灾害及成因

2.1　引　言

城市是一定地域的政治、经济、文化中心，是现代社会发展的引领核心，随着我国城市化进程的加快，大量人口涌入城市，城市一旦受灾，损失巨大。我国大多数城市滨水而建，均面临洪水淹没和雨后内涝等问题。洪涝灾害成为当前我国城市面临的最主要灾害之一，与人民群众的生产生活和城市的安全运行息息相关。有报道显示，2020年入汛以来，南方地区暴雨不断。中央气象台仅6月2日至7月2日就连续31 d发布近百次暴雨预警，降雨持续时间长、影响范围广，多地再现“看海”现象。暴雨引发的城市洪涝灾害愈发频繁，受到社会的高度关注。感叹城市内涝几成顽疾的同时，人们不禁心生疑问：为什么随着城市现代化的发展，城市治理水平和治理能力的提高，却还是“年年治涝年年涝”，反而在城市不是很发达的过去，却很少听说有“城市看海”的现象。为了解开这个疑问，本章以粤港澳大湾区为视角，阐述了国内及粤港澳大湾区洪涝灾害的现状，以及洪涝灾害给人民生产、生活造成的影响，引出城市洪涝的概念及灾害类型，系统分析城市洪涝灾害产生的主要原因。

近年来，在我国多个城市洪涝灾害发生的频次明显上升，损失数据不断攀升。其发生的主要原因可概括为“天、地、管、河、江”五个方面。

2.1.1　天

暴雨强度和频次增加。随着城区面积的不断扩大，城市“热岛效应”不断增强，城乡环流加剧，使得城区上升气流加强。加上城市上空随着人口的增加尘埃增多，增加了水汽凝聚的核心，有利于雨滴的形成。在两者的共同作用下，致使我国城市，尤其是大型城市暴雨次数增多、暴雨强度加大，城区出现内涝的概率明显增大。

2.1.2　地

城市下垫面发生改变。城市化进程的加速带来城市建设用地加速增长，地面“硬底化”造成雨水下渗量和截流量下降。地面粗糙度降低，径流系数加大，汇流加快，径流峰值大，洪峰出现时间提前。因城市建设用地的需要，大量的农田、池塘、河道、湖泊等“天然调蓄池”填平、占用，造成雨洪调蓄空间大幅度减小；天然的排水路线被切断，汇水格局发生改变，汇流面由“线”变“点”，极大增加了上游排水压力。

2.1.3　管

基础排水设施标准低。由于历史原因，我国各地城市排水标准普遍偏低，与国际上先进城市仍存在较大差距,这一状况长期未能改变。再加上城市规划和建设中存在的不足,城市排水设计理念和设计规范有缺陷,城市排水系统与城市发展的需要不相适应,整体效率不高,即使较低的排水标准也未能完全发挥最大效能。另外,城市建设截断了排水管网,破坏了排水系统,老城区排水系统老化失修,淤积堵塞严重等,都进一步降低了排水能力。面对倾盆大雨,城市排水系统“小马拉大车”,力不从心。

2.1.4　河

河道行洪排涝能力不足。城区河道设计标准偏低,发生超标准暴雨洪水时,往往承受不了所有的来水,造成河水水位上涨、漫溢。加之河道中的桥梁、桥涵、码头等阻水建(构)筑物建设,以及水土流失、垃圾倾倒等因素,使得河道行洪空间被占用、堵塞,造成行洪不畅,导致河水漫溢。

2.1.5　江

外江潮位影响。沿海城市往往受到天文潮汐和台风的影响,风暴潮一旦与天文大潮相遇,两者高潮位相互叠加,往往能使得水位暴涨,海水轻松越过护岸入侵内陆,在极短的时间内侵入几十千米,给沿海地区带来巨大的经济损失和人员伤亡。再者,当城市内强降雨遭遇外江天文大潮或风暴潮时,外江高潮位顶托会导致城市河道洪水不能及时排入外江,河道长时间维持高水位,排水管网排水能力大幅度下降,易出现内涝灾害。

2.2　国内洪涝灾害的现状

我国地域辽阔,自然环境差异很大,具有产生多种类型洪水和严重洪水灾害的自然条件和社会经济条件。除沙漠、极端干旱区和高寒区外,我国其余大约2/3的国土面积都存在不同程度和不同类型的洪水灾害。我国地貌组成中,山地、丘陵和高原约占国土总面积的70%,山区洪水分布很广,并且发生频率很高。平原约占国土总面积的20%,其中7大江河和滨海河流地区是我国洪水灾害最严重的地区,是防洪的重点地区。我国海岸线长达18 000 km,当江河洪峰入海时,如与天文大潮遭遇,将形成大洪水。这种洪水对长江、钱塘江和珠江河口区威胁很大。风暴潮带来的暴雨洪水灾害也主要威胁沿海地区。我国北方的一些河流,有时发生冰凌洪水。

2.2.1　国内整体情况

我国洪涝灾害以暴雨成因为主,而暴雨的形成和地区关系密切,城市的“热岛效应”更是加重了暴雨的强度,加之城市经济发达和人口稠密的特点,导致单位面积上的洪水损失巨大。目前,我国现有城市657座,均不同程度受到江河洪水、台风暴雨、山洪泥石流以及局地暴雨等各种类型洪涝灾害的威胁,平均每年全国都有百余座城市遭受洪涝灾害的侵袭。

经统计,2012~2018年,我国平均每年发生洪涝的城市达157座(见图2-1),2013年更是高达243座。2006~2018年,我国洪涝灾害年平均受灾人口11 331万人(见图2-2),

相当于2018年全国总人口的8.15%;年平均直接经济损失达1 982亿元(见图2-3),相当于2018年GDP的0.22%。可见,在我国洪涝灾害的现状整体呈现为发生频率高、危害范围广,对国民经济影响严重。

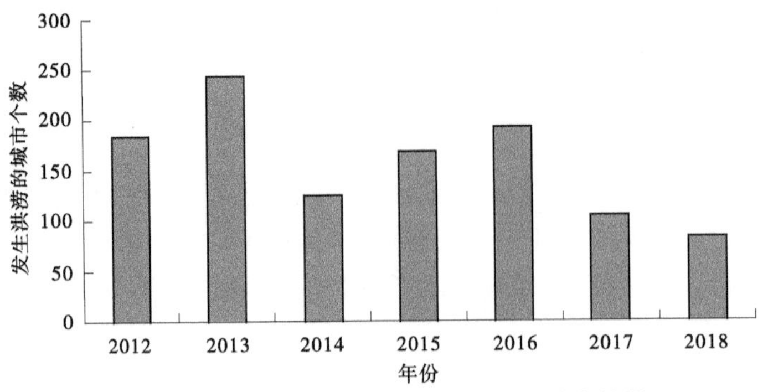

图2-1 2012~2018年全国发生洪涝灾害城市数量

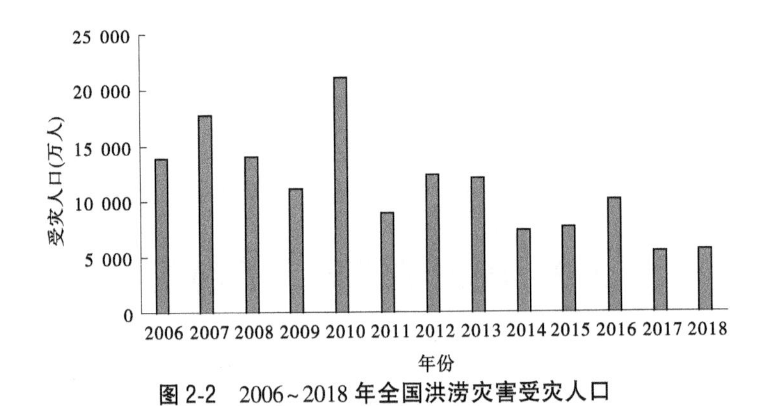

图2-2 2006~2018年全国洪涝灾害受灾人口

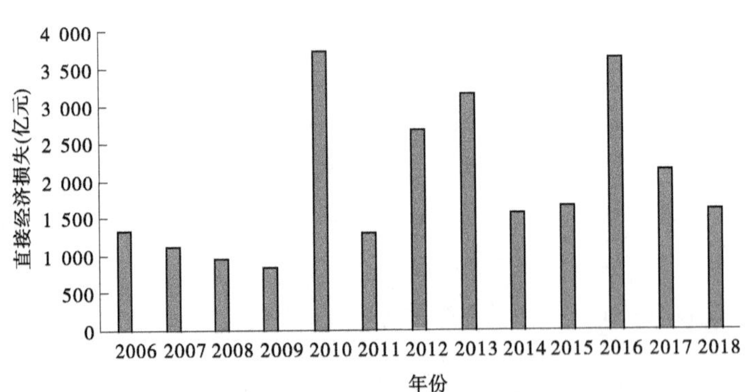

图2-3 2006~2018年全国洪涝灾害直接经济损失统计

2.2.2 典型城市情况

随着城市化进程的不断加快,城市洪涝灾害的成灾特性发生了深刻变化,城市化的结果导致了洪灾发生频率与强度的增加,破坏性的人为活动加剧了洪涝灾害的致灾强度。城市经济类型的多元化及资产的高密集性,致使城市经济损失大幅增加,受到社会的广泛关注。近几年，每逢雨季，各地城市轮番上演“城市看海”的景象，造成严重的洪涝灾害和人员伤亡及财产损失。城市防洪排涝已成为中国防洪排涝体系的一个突出短板，严重影响了城市人民生命财产安全，对城市形象也造成了极为负面的影响。

2.2.2.1　北京 2012 年“7·21”暴雨

2012 年 7 月 21 日，北京及其周边地区遭受了一场 61 年来最强的特大暴雨，暴雨受灾情况见图 2-4。强降雨持续近 16 h，全市平均降雨量 170 mm，城区平均降雨量 215 mm，为 1949 年以来最大；最大点雨量为 460 mm（房山区河北镇），接近 500 年一遇。北京山区出现泥石流，城市遭受内涝灾情，市区路段积水、交通中断，市政水利工程多处受损、众多车辆被淹。暴雨造成房屋倒塌 10 660 间，160.2 万人受灾，79 人死亡，经济损失 116.4 亿元。

(a)人员溺亡　(b)小区被淹　(c)交通受阻　(d)地铁进水　(e)郊区水坝冲毁　(f)人员转移

图 2-4　北京 2012 年“7·21”暴雨受灾情况

2.2.2.2 武汉 2016 年梅雨期暴雨

2016 年从 6 月 30 日持续一周的强降雨累积降雨量超过 560 mm，全城陷入“看海”模式。截至 7 月 6 日 12 时，暴雨灾害造成全市 12 个区 75.7 万人受灾。共转移安置灾民 167 897 人次，80 207 名群众处于转移安置状态。全市布设安置点 68 个。农作物受损 97 404 hm^2，其中绝收 32 160 hm^2。倒塌房屋 2 357 户 5 848 间，严重损坏房屋 370 户 982 间，一般性房屋损坏 130 户 393 间。直接经济损失 22.65 亿元。因灾死亡 14 人，失踪 1 人。

图 2-5　武汉 2016 年梅雨期暴雨受灾情况

2.2.2.3 南京 2016 年“7·6”暴雨

2016 年 7 月 6 日晚，南京市主城区及江宁区等地遭遇罕见大暴雨袭击，暴雨持续了 6 h，造成主城区及周边农村大面积被淹，暴雨受灾情况见图 2-6。最大点梅山二中附近 1 h 最大降水 129.2 mm，3 h 降水 235.5 mm，城区大部分区域 3 h 降水达 100 mm 以上。暴雨造成城区内涝严重，道路变河道，小区变游泳池。次日凌晨，南京市气象台发布雷暴橙色预警信号。

图 2-6　南京 2016 年“7·6”暴雨受灾情况

2.2.3 粤港澳大湾区情况

粤港澳大湾区地处我国珠江流域下游，直面南海，属亚热带海洋季风气候，降雨丰沛且集中。大湾区地势北高南低，西部、北部和东部为丘陵山地环绕，中部、南部以冲积平原为主，呈相对闭合的“三面环山、一面临海”的独特地形地貌。独特的自然地理和气候条件，使得大湾区不但遭受珠江流域洪水和城市暴雨洪涝的灾害，还要面临南海台风暴潮威胁。

流域洪水频发,20年来大湾区发生了“94·6”“98·6”“05·6”和“08·6”4场特大洪水。城市洪涝日益突出,亚热带海洋季风气候加上高度城市化“热岛效应”“雨岛效应”叠加,使得大湾区降雨具有强度大、时间集中且发生频率高的特点。广州市自2017年以来,连续发生了2017年“5·7”、2018年“6·8”、2019年“6·13”、2020年“5·22”和“6·7”5场特大暴雨,造成巨大的经济损失和人员伤亡。相比内陆城市而言,大湾区极易受到热带气旋侵袭,近年来强台风频次有增加趋势,年均遭受热带气旋1.5个,接连遭受2008年“黑格比”、2017年“天鸽”、2018年“山竹”等强台风暴潮,共造成38人死亡,直接损失700亿元。

2.2.3.1 广州2020年“5·22”暴雨

2020年5月21日夜间到22日早晨,广州市普降大暴雨,局部特大暴雨。全市1 h雨强度超80 mm的有42个站,破历史纪录,最大1 h雨量167.8 mm(黄浦区),最大3 h雨量297 mm(增城区新塘镇),黄埔区永和街录得全市最大累积雨量378.6 mm,达到百年来的历史极值。雨量分布见图2-7。

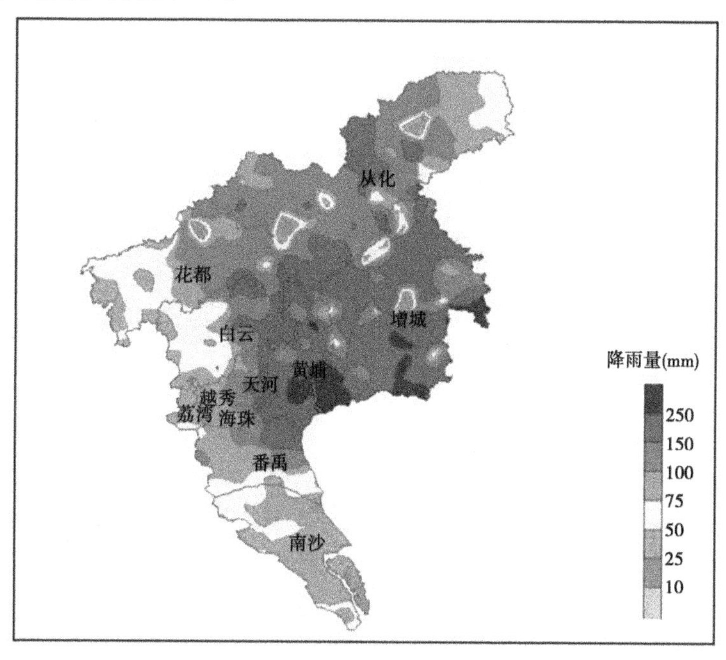

图2-7 2020年5月21日广州市雨量分布情况

2020年“5·22”特大暴雨造成全市共产生443处积水,多地出现水淹。道路隧道、地铁站受淹导致交通瘫痪。开源大道隧道、石化路隧道、开发大道隧道等多条道路隧道积水。官湖、新沙地铁站受淹严重,涝水倒灌入地铁站,导致广州地铁13号线全线停运。社区、企业受灾严重,广州知识城、下沙村、塘头村、翡翠绿洲、凤凰城、广州本田汽车有限公司等社区和重要企业受淹,地下车库、沿街商铺、受灾情况严重。黄埔区因暴雨引发山体滑坡及隧道积水,致使4人死亡。暴雨受灾情况见图2-8。

2.2.3.2 深圳2014年“3·30”暴雨

2014年3月30日傍晚至31日上午,深圳发生强降雨,此次降雨是深圳30年来3月

(a)广汽本田生产基地

(b)开源隧道

(c)官湖地铁站

(d)南岗河流域

图 2-8　广州 2020 年“5·22”暴雨受灾情况

强度最大的暴雨,50 年来最大的小时强降雨,气象局 6 年来首个全市暴雨红色预警,持续生效 15 h 20 min,创下了 2006 年以来时间最长、范围最广的记录。降雨来势凶猛,据深圳市三防办统计,全市平均降雨 125 mm,最大累计降雨达 318 mm,最大 1 h 降雨量(红树林站)达 115 mm(是气象历史记录以来的最大值),局部降雨频率超 50 年一遇。此次降雨过程累计雨量、小时雨强、持续时间均超过 2013 年的“8·30”暴雨。

暴雨造成全市共发生约 200 处不同程度的积水或内涝,部分河堤坍塌损毁,市内数千辆机动车受损,300 多个航班取消,深圳电网 31 条 10 千伏线路跳闸,3 人因灾死亡,1 人失踪。暴雨受灾情况见图 2-9。

2.2.3.3　佛山 2018 年“艾云尼”台风

2018 年 6 月 6~8 日,受台风“艾云尼”和西南季风的共同影响,广州、佛山、深圳、汕尾、肇庆、清远、惠州等市普降暴雨到大暴雨、局地特大暴雨。本次强降雨,为佛山有气象记录以来出现的最强暴雨,其中佛山各区最大累积雨量:禅城张槎 338.4 mm、高明杨和 314.2 mm、南海九江 301.4 mm、顺德龙江 267.7mm、三水南山 252.1 mm,全市共有 51 个自动站录得 250 mm 以上降雨,205 个自动站录得 100 mm 以上降雨。暴雨导致全市水浸

图 2-9 深圳 2014 年“3·30”暴雨受灾情况

点共 573 处,交通局部中断接近 24 h,农作物受浸面积 8.329 1 万亩(1 亩 = 1/15 hm^2,全书同),开放避灾场所 705 处,安全转移群众 7 257 人,直接经济损失约 3.967 2 亿元。台风受灾情况见图 2-10。

图 2-10 佛山 2018 年“艾云尼”台风受灾情况

2.2.3.4 珠海 2017 年“天鸽”台风

2017 年 23 日 12 时 50 分,“天鸽”在广东珠海市金湾区沿海地区登陆,登陆时中心附近最大风力 14 级(45 m/s),中心最低气压 950 hPa。“天鸽”台风引发严重的风暴潮灾害,潮水位漫过联围破坏堤防,损毁穿堤建筑物,受损堤防 34.2 km、水闸 11 座,受潮水顶托影响全市(尤其在市区)排水困难,城区出现严重受浸现象。台风还对在建水利工程造成严重破坏,摧毁临时搭建的工棚、脚手架等建筑物,淹没或冲毁基坑、边坡,道路等。台风“天鸽”共造成珠海 2 人死亡,房屋倒塌 275 间,全市农作物受灾面积 3 万亩,大部分地区出现停水停电,部分道路因为树木倒伏通行受阻,直接经济总损失 55 亿元。台风受灾情况见图 2-11。

图 2-11　珠海 2017 年“天鸽”台风受灾情况

2.3　城市洪涝灾害的影响

2.3.1　人员伤亡

洪涝灾害首先是对人民的生命安全造成了极大的威胁，其造成的死亡人口和受灾人口数量通常较大。我国历史上每一次大型洪涝灾害都会带来大量的人口伤亡，危害人类生命、健康和正常生活。2018 年，全国 31 省（自治区、直辖市），2 149 县（市、区），19 515 乡（镇）遭受洪涝灾害，受灾人口 5 576.55 万人，因灾死亡 187 人、失踪 32 人，紧急转移 836.25 万人，全国和各省（自治区、直辖市）因洪涝受灾人口、死亡人口、失踪人口及直接经济损失统计见表 2-1。

表 2-1　2018 年因洪涝受灾人口、死亡人口、失踪人口及直接经济损失统计

地区	受灾人口（万人）	死亡人口（人）	失踪人口（人）	直接经济损失（亿元）	地区	受灾人口（万人）	死亡人口（人）	失踪人口（人）	直接经济损失（亿元）
全国	5 576.55	187	32	1 615.47	河南	552.57			14.73
北京	10.16			18.55	湖北	196.46			19.38
天津	2.37			0.74	湖南	155.41	7		19.42
河北	136.80	2		10.47	广东	660.35	18	5	276.53
山西	13.72			3.23	广西	166.67	8		19.99
内蒙古	138.18	20	2	89.03	海南	38.85			5.95
辽宁	144.79			34.30	四川	666.73	1	3	319.68
吉林	41.29			27.66	重庆	76.64		1	12.57
黑龙江	88.96			43.60	贵州	86.74	5	2	14.26
上海	34.00			0.84	云南	205.96	20	13	61.14
江苏	252.71	5		22.26	西藏	16.29			20.73
浙江	69.37			17.88	陕西	55.97	1		18.79
安徽	412.74	3		52.90	甘肃	326.37	47	6	110.12
福建	94.77			34.85	青海	27.34	4		18.85
江西	195.29	4		29.87	宁夏	6.91			3.05
山东	636.59	9		277.18	新疆	65.55	33		16.92

注：表中空白栏表示无灾情。数据来源于 2018 年水旱灾害公报。

2018 年 8 月国家防总副总指挥、水利部部长鄂竟平，在主持召开全国防汛系统视频会议中提到，通过全面排查消除水利工程隐患，有效防控风险，提高监测预报水平，强化应急能力等，一系列卓有成效的防汛抗洪抢险救灾措施，灾害损失主要指标均显著低于历年同期水平，洪涝灾害死亡人数降至 1949 年以来最低。但人员伤亡，特别是受灾致死仍是百姓难以承受的损失。广州 2020 年“5・22”暴雨，造成 4 人死亡，其中 2 人因开车冲入浸水隧道溺亡（见图 2-12）。深圳 2019 年“4・11”暴雨，造成 11 人死亡，其中 7 名为排水沟清淤作业人员，因撤离不及被洪水冲走（见图 2-13）。北京 2012 年“7・21”暴雨及引发的泥石流造成 79 人死亡（见图 2-14）。

图 2-12　广州 2020 年“5・22”暴雨 2 人溺亡隧道

图 2-13　深圳 2019 年“4・11”暴雨排水沟清淤作业现场

2.3.2　城市固定资产损失

洪涝灾害造成固定资产的损失，主要体现在城市的居民住宅、企业厂房、办公楼、车辆等人们生产、生活的固定资产遭到破坏，造成直接经济损失。2018 年，全国洪涝灾害造成倒塌房屋 8.51 万间，83 座城市进水受淹或发生内涝，因洪涝停产工矿企业 71 402 个，直接经济损失 1 615.47 亿元，占当年 GDP 的 0.18%。

2.3.3　城市命脉系统损坏

城市命脉系统包括供水管网、排水系统、供电供气系统，通信、网络系统、交通运输系统等。洪涝灾害的发生造成路基、路面毁坏导致的铁路中断和公路中断；输电线路、通信

图 2-14　北京 2012 年“7 · 21”暴雨后引发房山河北镇泥石流灾后情况

图 2-15　城市固定资产受灾情况

线路损坏导致的电力中断和通信中断等，给人民的生产、生活造成极大的不便，打乱了原有的生活节奏，造成了巨大的间接危害。随着我国城市基础设施建设的日渐完备，洪涝灾害所造成的破坏日益严重。2018 年，全国因洪涝灾害铁路中断 101 条次，公路中断 48 179 条次，机场、港口临时关停 263 个次，供电线路中断 13 720 条次，通信中断 68 293 条次。城市命脉系统受灾情况见图 2-16。

(a)城市交通瘫痪　　(b)供电中断

(c)列车晚点　　(d)出行受阻

图 2-16　城市命脉系统受灾情况

2.3.4　其他次生影响

洪涝灾害还会引起环境破坏、洪涝水退去后，日常生活产生的废物、污水难以得到正常的清理，影响市容市貌和城市发展的同时，带来公共卫生问题，疾病和传染病的发生概率大大增加，造成公共卫生安全隐患。停工停学造成社会秩序短时间的混乱恐慌等一系列次生效应，影响社会稳定，容易激化社会矛盾。洪涝灾害产生的次生影响见图 2-17。

城市洪涝对发达城市的影响尤其严重，发达城市中心城区人口密度每平方千米超过 3 万人；发达城市中心城区平均 GDP 密度可达 100 亿元/km^2；北上广深等发达城市更是“淹不得，淹不起”。粤港澳大湾区是由香港、澳门两个特别行政区和广东省的广州、深圳、珠海、佛山、中山、东莞、惠州、江门、肇庆九市组成的城市群。表 2-1 显示，2018 年广东省因洪涝灾害受灾的人口达 660.35 万人，位列全国第二；因洪涝灾害造成的直接经济损失达 276.53 亿元，位列全国第三；可见大湾区受洪涝灾害的影响巨大，不但直接损失巨大，灾后重建的难度和成本也非常之高。

发达城市剪影如图 2-18 所示。

(a)学校停课　　(b)高考无法正常开始

(c)涝水退去垃圾遍地　　(d)无法正常开工

图 2-17　洪涝灾害产生的次生影响

图 2-18　发达城市剪影

2.4　城市洪涝的概念

洪涝灾害实质上包括“洪”和“涝”两种形式。“洪”是指降雨汇入山谷、河道形成山洪暴发、河水泛滥等现象；“涝”是指降雨径流汇入低洼区域形成长时间较深积水，对受淹区域造成危害现象。由于江河泛滥的洪水也会汇入积水的低洼区，或者区内暴雨积水受河道高水位顶托，不能及时排出而形成涝灾，“洪”与“涝”有时难以严格区分，所以灾害分类中通常统称为“洪涝”。

城市洪涝灾害的主要类型有以下几种。

（1）江河洪水（见图 2-19）：包括城市所在流域上游集水范围中降雨形成的过境客水，以及大城市或城市群区内中小河流出现的漫溢现象，江河洪水泛滥可能出现在因淤积萎缩或人为设障导致行洪能力下降的河段，或者是因自然因素或人为因素造成堤防溃决所引起溃坝（堤）洪水。江河洪水可能导致城区大范围、长时间受淹，造成严重的人员伤亡与财产损失。

图 2-19　江河洪水

（2）暴雨山洪（见图 2-20）：是指发生在山区溪沟、小河的洪水，水流速度和水位涨落都很快，冲刷力大、破坏力强。泥石流是含水、泥沙、石块等物质的特殊山洪。位于山地丘陵区域的城市，由于地形坡降大，暴雨可能形成山洪涌入城市，并可能伴生滑坡与泥石流，泥石流一般比山洪历时更短、来势更猛、破坏性更大，尤其对人口密集的地区会带来毁灭性的灾害，暴雨也可能在城区比降大的街道上形成汹涌的顺街行洪景象，对生命，财产威胁极大。

图 2-20　暴雨山洪

(3)暴雨内涝(见图2-21):指雨水直接汇入城区内相对低洼的地区,因水量超出排水系统的能力而产生严重积水并形成灾害的现象。积水可能涌入城市地下空间,对人身安全、财产与基础设施造成严重的危害,积水尤其是立交桥下形成的严重积水,不仅会导致交通瘫痪,也可能对陷入其中的车辆或人员造成伤害。在我国当前快速城镇化进程中,暴雨内涝风险有明显上升的趋势。

图2-21 暴雨内涝

(4)风暴潮洪涝(见图2-22):风暴潮是受大气强烈扰动而导致海面异常升高的现象,风暴潮一旦与天文大潮相遇,两者高潮位相互叠加,往往能使得水位暴涨,海水轻松越过护岸入侵内陆,在极短的时间内侵入几十千米,给沿海地区带来巨大的经济损失和人员伤亡。再者,当城市内强降雨遭遇外江天文大潮或风暴潮时,外江高潮位顶托会导致城市河道洪水不能及时排入外江,河道长时间维持高水位,排水管网排水能力大幅度下降,易出现内涝灾害。

图2-22 风暴潮洪涝

2.5　暴雨强度和频次增加(天)

暴雨是城市洪涝灾害形成的必要条件。中国是多暴雨的国家,除西北个别省、区外,几乎都有暴雨出现。冬季暴雨局限在华南沿海,4~6月,华南地区暴雨频频发生。6~7月,长江中下游常有持续性暴雨出现,历时长、面积广、暴雨量也大。7~8月,是北方各省的主要暴雨季节,暴雨强度很大。8~10月,雨带又逐渐南撤。夏秋之后,东海和南海台风暴雨十分活跃,台风暴雨的点雨量往往很大。粤港澳大湾区位于华南地区,属亚热带海洋季风气候,特殊的地理位置使其降雨量较大,尤其夏季会出现集中降雨,并常常出现暴雨。

随着我国城市化进程的推进,城区面积的不断扩大,城市"热岛效应"(见图2-23)不断增强。城市热岛效应,即城市气温高于郊区气温的现象。大城市高楼林立,空气循环不畅,加之建筑物空调、汽车尾气更加重了热量的超常排放,使城市形成一个明显的高温区。而郊区气温相对较低,市区上升的气流如同出露水面的岛屿,被形象地称为"城市热岛"。在城市热岛作用下,近地面产生由郊区吹向城市的热岛环流,城乡环流加剧,使得城区上升气流加强,气流越积越厚,最终导致降水形成。城市上空随着人口的增加、尾气排放等使得空气中的尘埃增多,悬浮颗粒密度增大,增加了水汽凝聚的核心,遇到暖湿气流,易产生局地暴雨,形成"雨岛效应"(见图2-24)。"热岛效应"加上"雨岛效应"的共同作用,致使我国城市,尤其是大型城市暴雨次数增多、暴雨强度加大,城区出现内涝的概率明显增大。

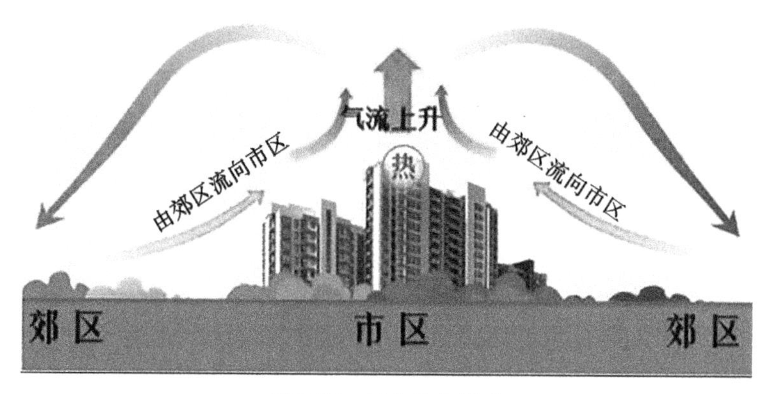

图2-23　城市热岛效应

以广州为例,有学者统计过广州市30年的年平均气温后发现,广州市出现了明显增温。尤其近年来随着广州城市的迅猛发展,城市"热岛效应"现象十分明显,市中心气温比周边地区普遍高3~5 ℃。从广州市1908~2019年逐年雨量(见图2-25)来看,近10年平均年降雨量多达2 193.8 mm,是110年数据中雨量最多的时期,约为上海的1.5倍、北京的2倍,特大降雨频发。2017年以来连续发生了5场特大暴雨,分别是2017年的"5·7"、2018年的"6·8"、2019年的"6·13"、2020年的"5·22"和"6·7"特大暴雨。可见,近年来随着城市的建设开发,年降雨量和降雨频次也随之增加。

除了降雨量和降雨频次的增加,降雨的强度也有所加大,社会媒体公开的一些洪涝灾害报道中,经常出现"超标准暴雨""历史最大"等字眼。在广州2020年"5·22"暴雨中,

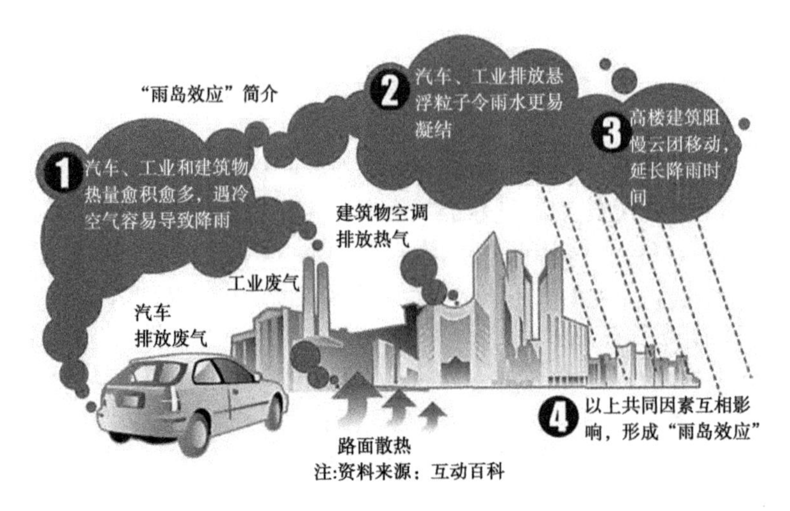

图 2-24　城市雨岛效应

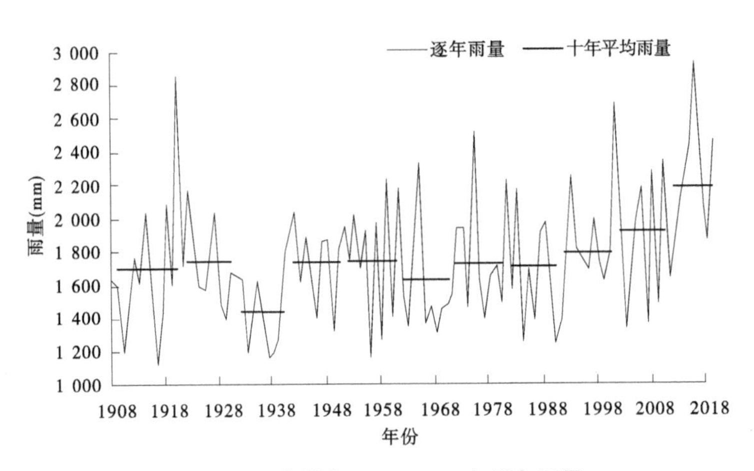

图 2-25　广州市 1908~2019 年逐年雨量

造成严重洪涝灾害的主要原因正是部分排涝片区在短时间内遭遇了超标准降雨。广州"5・22"暴雨范围广、强度大。南岗、温涌、官湖三个靠近暴雨中心的流域,实测 3 h 降雨量超过 230 mm,超过 100 年一遇,6 h 降雨量 260~290 mm,达到 50~100 年一遇。而三个流域的现状内涝防治标准均不足 20 年一遇,河道的防洪标准仅 10~20 年一遇。对于面积相对较小流域而言,基本可以认为洪水与暴雨同频率,因此本次"5・22"暴雨产生的洪水超 100 年,明显超过三个流域现状 10~20 年一遇的防洪排涝标准。短时间内的降水强度远超现状的防洪排涝标准,导致河道漫堤、管道溢流,排涝泵站失效,整个防洪排涝系统处于瘫痪状态,造成严重的城市洪涝灾害。

南岗河、温涌、官湖河流域广州"5・22"暴雨与设计暴雨对比如图 2-26 所示。

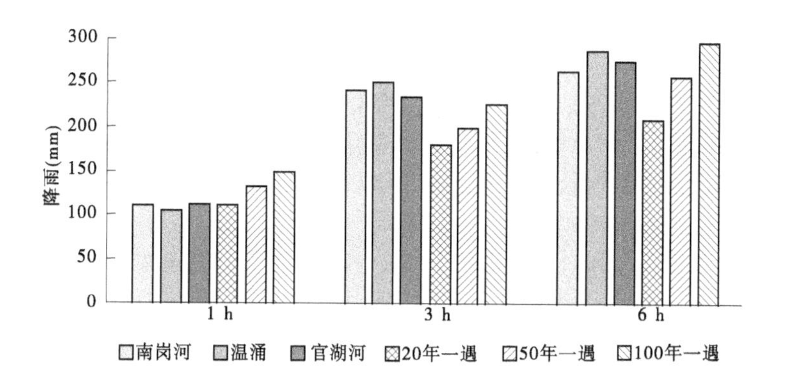

图 2-26　南岗河、温涌、官湖河流域广州“5・22”暴雨与设计暴雨对比

南岗河、温涌、官湖河流域广州“5・22”暴雨重现期统计见表 2-2。

表 2-2　南岗河、温涌、官湖河流域广州“5・22”暴雨重现期统计

流域	气象站	1 h 暴雨重现期	3 h 暴雨重现期	6 h 暴雨重现期
南岗河	南岗河口	20 年一遇	超 100 年一遇	50~100 年一遇
温涌	禾叉隆	20 年一遇	超 100 年一遇	50~100 年一遇
官湖河	永和河	20 年一遇	超 100 年一遇	50~100 年一遇

2.6　城市下垫面发生改变(地)

城市下垫面是人类赖以生存和发展的基础,随着经济的快速发展,城市下垫面也发生了深刻变化,其中以城区内建筑物增多表现得最为显著。建设用地的不断扩张,挤压了城市洪涝疏导和调蓄的空间,地面不透水面积比例越来越高,进而一方面使得汇流时间缩短,地表径流增大, 洪峰时间提前,给城市的排水系统造成很大压力,暴雨季节,造成洪涝灾害;另一方面导致城市地表水环境与自然状况不同,产汇流格局发生改变;低洼地甚至河湖被填平、占用,蓄滞洪区缩减或是规划难以实施,导致城市洪涝调蓄能力下降。

2.6.1　城市下垫面“硬底化”

“硬底化”是指原本是农田、绿地等透水能力强的地面,被道路、广场和建筑物等不透水地面覆盖,其发生的主要原因是城市化的快速扩张,土地资源的大规模开发。不透水下垫面集中分布,导致城市内涝频发,由于道路和屋顶等不透水下垫面的降雨径流系数远高于绿地,不透水下垫面比例增加,降雨径流量迅速增加。因此,城市的建设用地包括房屋建筑、广场,宽阔的道路等不透水下垫面分布集中,又缺乏绿地、河湖的水文调节作用,往往成为城市内涝的重灾区。

粤港澳大湾区是中国开放程度最高、经济活力最强的区域之一,为适应经济的高速

发展,长期处于高强度开发状态。土地资源作为经济增长的载体,在当前大湾区发展背景下显得尤为紧缺。土地资源的大规模开发,势必会造成下垫面“硬底化”。

由表 2-3 和图 2-27 可见,1990~2017 年,粤港澳大湾区各城市建设用地增长速度总体呈加快态势。其中广州、惠州、肇庆、江门等城市在 1990~2000 年、2000~2010 年、2010~2017 年三个时间段中建设用地增长速度不断提升;珠海建设用地增长速度不同时段内相对平稳,2010~2017 年段略有加快;中山、佛山、东莞等 3 个城市 2000~2010 年建设用地增长速度最快,2010~2017 时间段有所放缓;深圳市 1990~2000 年时段建设用地增长速度最快,随后不断减缓。香港、澳门的建设用地增长速度 1990 年来以来一直较为缓慢。上述特征可由各城市不同的发展阶段来解释,但总体各城市均呈现不同程度的建设用地扩张。

表 2-3　1990~2017 年大湾区各市建设用地面积及增长情况

城市	建设用地面积(km^2)				年均增长幅(%)		
	1990 年	2000 年	2010 年	2017 年	1990~2000 年	2000~2010 年	2010~2017 年
广州	644.0	798.9	1 095.7	1 374.4	15.5	29.7	39.8
深圳	358.6	556.2	671.0	721.1	19.8	11.5	7.2
珠海	67.4	151.8	233.3	307.1	8.4	8.2	10.5
惠州	195.7	329.2	609.7	893.6	13.3	28.1	40.6
东莞	529.9	723.4	992.3	1 121.3	19.3	26.9	18.4
中山	152.9	245.1	450.2	581.7	9.2	20.5	18.8
江门	181.9	281.5	469.6	660.4	10.0	18.8	27.3
佛山	426.2	675.3	1 071.2	1 290.3	24.9	39.6	31.3
肇庆	52.7	133.0	253.9	386.4	8.0	12.1	18.9
香港	92.8	128.5	133.7	143.1	3.6	0.5	1.3
澳门	7.0	11.1	17.9	20.8	0.4	0.7	0.4

再看大湾区核心城市广州,从 1990 年到 2016 年,广州市不透水面面积从 421 km^2 增加到了 1 812 km^2,增加了 3 倍以上。广州市主城区的不透水面,从 250 km^2 增加到 510 km^2,增加了近 1 倍,不透水面面积占比从 35%增加到 71%。下垫面硬化使得雨水的下渗量和截流量下降,径流峰值增加,暴雨汇流速度加快,汇流时间缩短且径流峰值提前,径流峰型趋“尖瘦”化。相关研究表明,广州城镇化建设使得地面径流系数由 0.3~0.5 增大到 0.6~0.9,增大了近 1 倍,城镇化使广州“龙舟水”的径流峰值出现时间提前了 1~2 h。

广州市城市整体各年份不透水面面积及主城区不透水面面积见图 2-28、图 2-29。

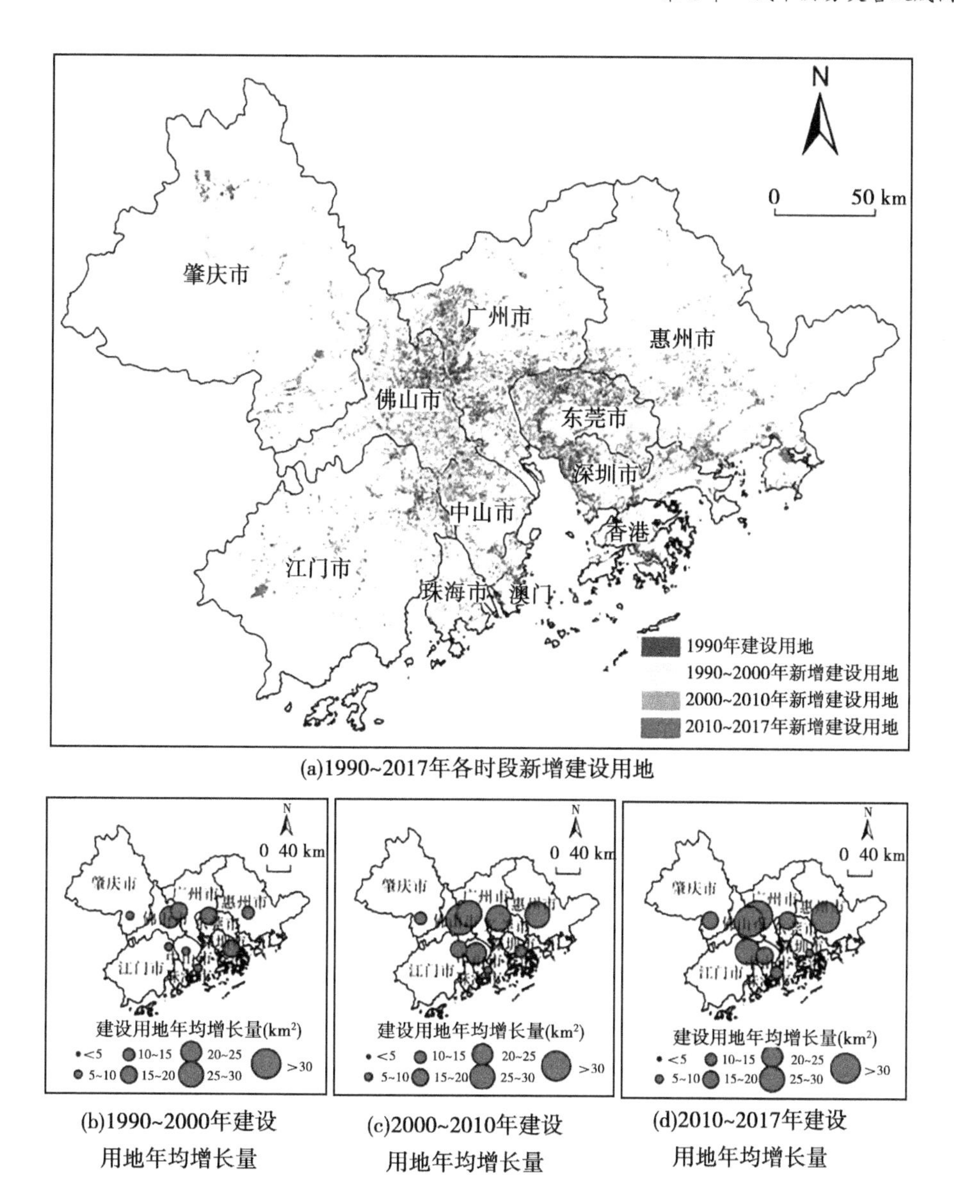

(a)1990~2017年各时段新增建设用地

(b)1990~2000年建设用地年均增长量

(c)2000~2010年建设用地年均增长量

(d)2010~2017年建设用地年均增长量

注:在对建设用地的识别中,未将江门恩平市、肇庆怀集县等过于偏远的区(县)纳入识别范围。

图 2-27 1990~2017 年大湾区各市建设用地增长情况

2.6.2 雨洪调蓄空间减小

建设用地的不断扩张,挤压了城市洪涝疏导和调蓄的空间,过去城市内存在不少农田、水系(池塘、河道、湖泊)等"天然调蓄池",具有调蓄雨洪,减缓城市内涝的功能。如今城镇化之后,这些天然的调蓄池被占用、填平,原本规划的蓄滞洪区也可能因为与建设用地的冲突,而停滞不前,造成城市雨洪调蓄空间大幅度减小,加剧了城市的防涝压力。

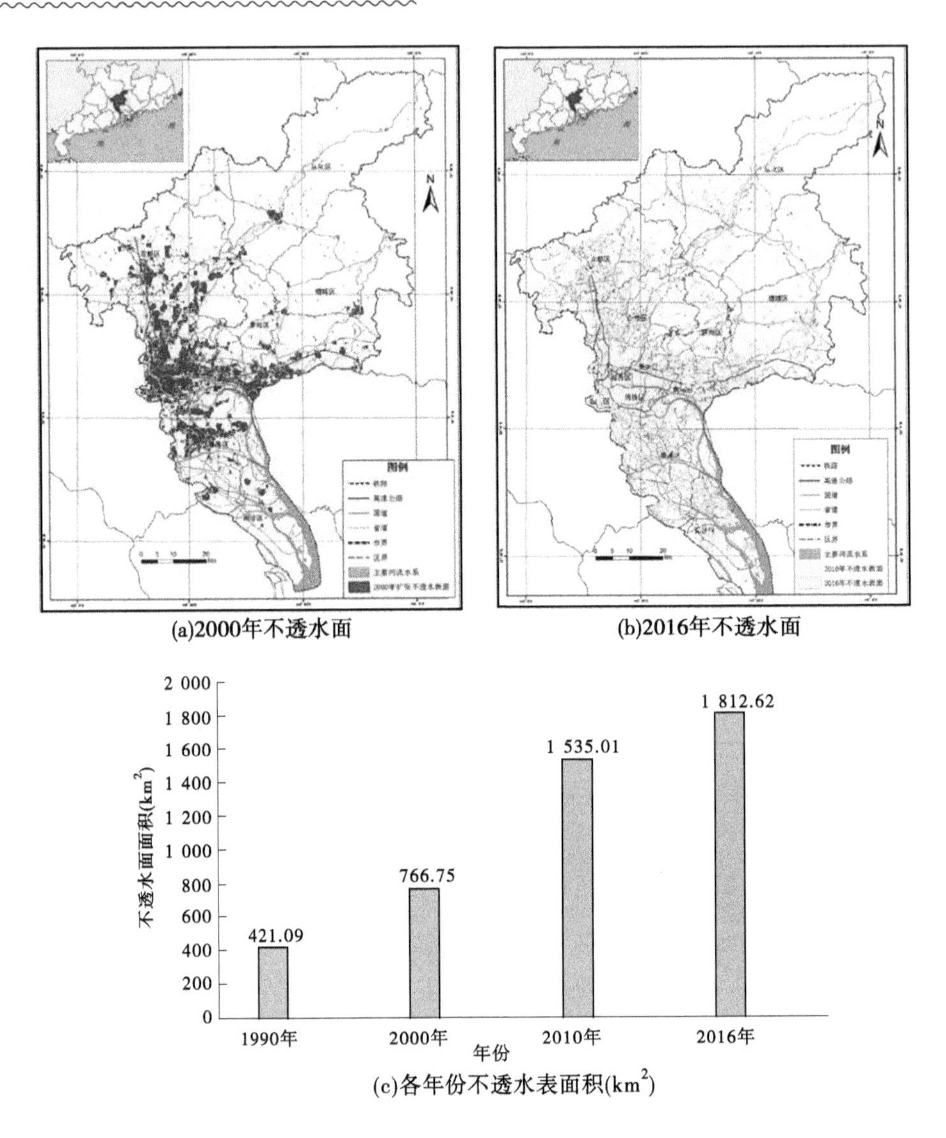

(a)2000年不透水面

(b)2016年不透水面

(c)各年份不透水表面积(km²)

图 2-28　广州市城市整体各年份不透水水面面积

水面通常指由河流(江、河、渠等)、湖泊(天然或人工湖泊)、水库、湿地(天然或人工湿地)等形成的水体表面。城市中适宜的水面功能之一,是在遭遇雨洪时,可以存储部分洪水,降低河流洪峰流量,减轻河道排洪压力,提高城市的防洪排涝标准。水面率是指排水区内用以滞蓄涝水的湖泊和河网水面积与排水区总面积的比值百分数。从管理的角度出发,是指承载水域功能的区域面积占区域总面积的比率。一定程度上可以反映一个城市抵御一般洪涝灾害风险的能力。统计广州市各区河湖水面率发现(见图 2-30),广州中北部地区(黄埔、越秀、天河、白云、花都、增城、从化)水面率仅有 4%~7%,调蓄能力有限。

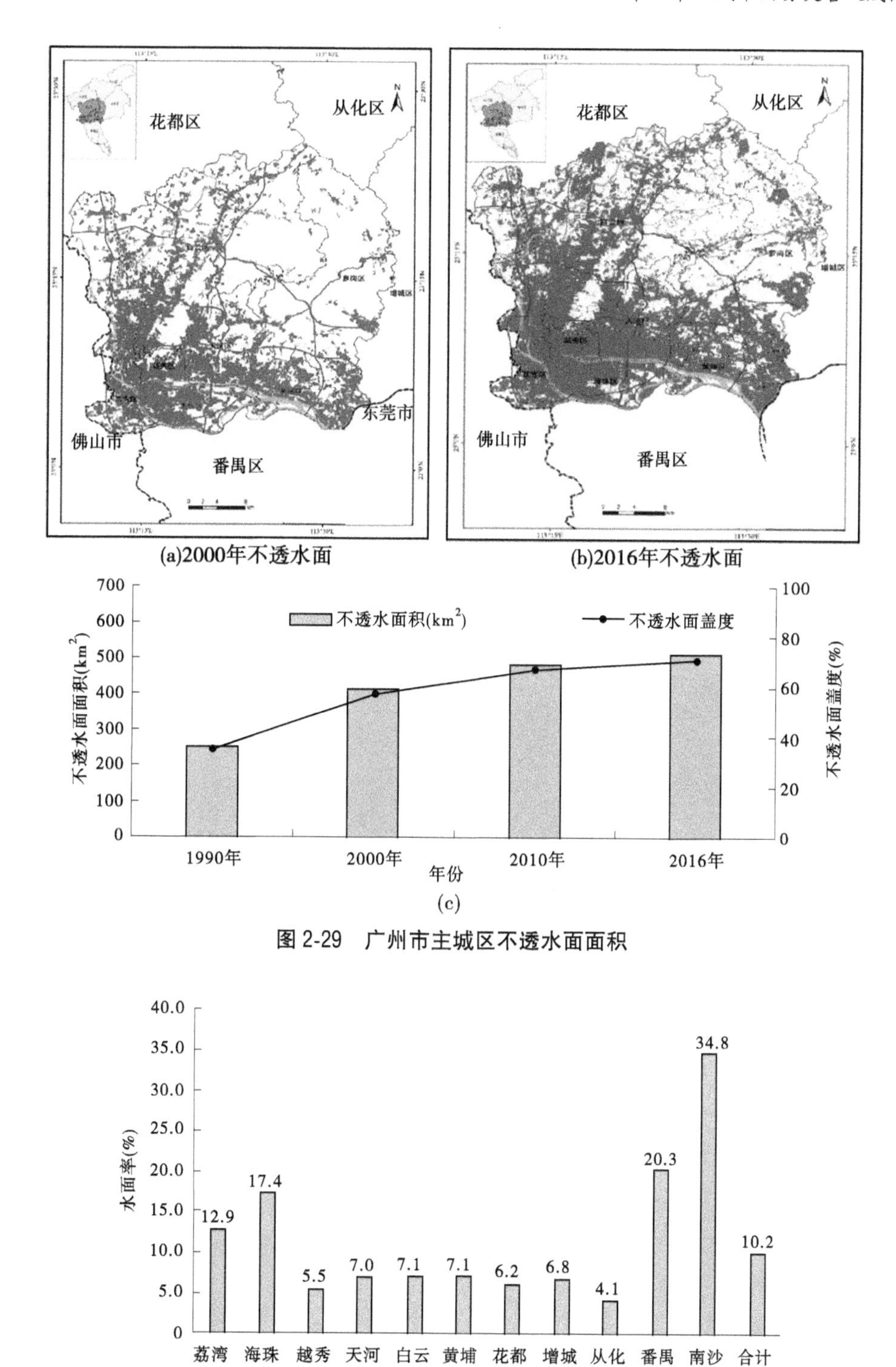

图 2-29　广州市主城区不透水面面积

图 2-30　广州市河湖水面率统计

广州市天河区猎德涌,在 20 世纪 80 年代初,河涌两岸基本为农田,随着城市化建设的推进，到 2009 年河涌两岸已基本被建成区覆盖，猎德涌流域调蓄容量由 83 万 m^3 减为 8 万 m^3，20 年一遇洪峰流量从 103 m^3/s 增大到 157 m^3/s。猎德涌两岸开发情况对比见图 2-31。

(a)20世纪80年代初影像

(b)2009年影像

图 2-31　猎德涌两岸开发情况对比

2.6.3　城市建设改变城市汇水格局

在自然水文过程中，天然的地形地貌与河湖水系分布是影响汇水格局的主要因素。城市建设会一定程度改变原有的自然地形地貌和水系形态，城市中建筑、路网与排水管渠等基础设施的建设都会改变自然的径流汇流过程，如图 2-32 所示。

在大力发展经济的过去，城市建设未能充分考虑防洪排涝的要求，往往人为地切断了天然的汇水格局。例如，道路工程建设切断了几十千米的天然排水路线，改变了汇水格局，道路两侧仅仅依靠若干涵洞连通，排水由“面”变“线”或“线”变“点”，极大增加了上游排涝的压力，如图 2-33 所示。

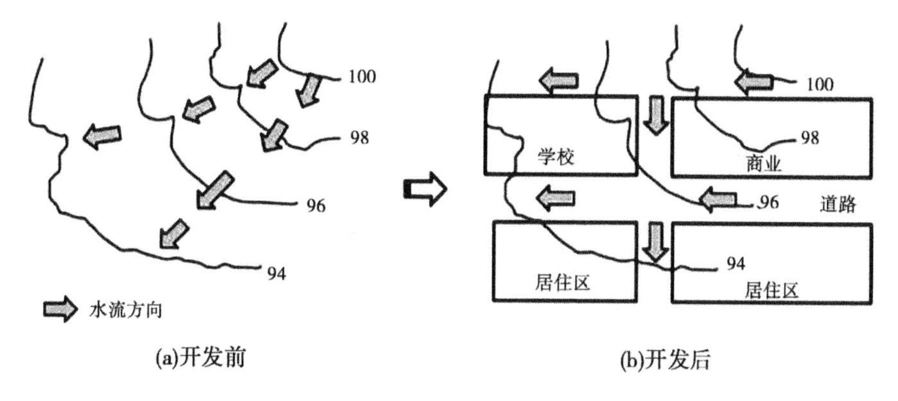

图2-32 城市开发前与开发后地表水水流过程示意图

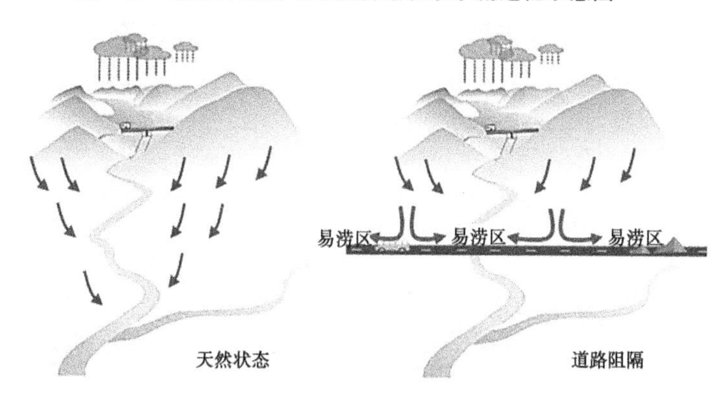

图2-33 高路基城市道路工程

2.6.4 项目选址位于低洼区

由于城市规划和重要项目方案未深入论证洪涝安全,有些重要项目选址位于城市低洼区等洪涝灾害高风险区。如在广州2020年“5・22”特大暴雨期间积水严重的南岗河流域黄埔区开源大道隧道(见图 2-34),该隧道所在位置属低洼区,从洪涝安全的角度考虑,地势低洼区交通应采用高架桥方案,该项目却采用隧道方案,使之变成了低洼地的"锅底",大暴雨汇流或附近河水漫溢,水迅速往低处流,极易积水,影响交通通畅,甚至造成人员伤亡。

图 2-34　广州黄埔区开源大道隧道

2.7　基础排水设施标准低(管)

我国城市早期在开始大规模管道排水系统建设时,多沿用苏联的模式和标准,但我国降雨不均且夏季多暴雨的气候环境与莫斯科高寒少雨且降雨相对均衡的气候特征相差甚大,导致排水设计标准较低,难以满足实际需要。这一状况长期未能改变。再加上城市规划和建设中存在的不足,城市排水设计理念和设计规范有缺陷,城市排水系统与城市发展的需要不相适应,整体效率不高,即使较低的排水标准也未能完全发挥最大效能。反观国外先进城市,很早就意识到地下排水体系的重要性,不惜花费巨资,打造地下空间系统,保证城市安全运行。最具代表性的有纽约、东京、巴黎等,如图 2-35 所示。

目前我国各地城市排水标准普遍偏低。70%以上的城市管线系统排水能力不足 1 年一遇,90%以上老城区的排涝能力甚至比规范规定下限还要低。大湾区除香港、澳门外,部分城市雨水管网的排水能力普遍较低。据资料统计,广州新城区排水管道按 3 年一遇排水标准设计,中心城区主干管网达到 1 年一遇的占 65%,达到 2 年一遇的占 59%,达到 5 年一遇的占 53%。深圳新规划地区重现期采用 2 年,低洼地区、易涝地区及重要地区重现期采用 3~5 年,下沉广场、立交桥、下穿通道及排水困难地区选用 5~10 年。其他城市的排水设计标准普遍低于广州、深圳,雨水管网的现状排水标准也低于两座核心城市。

随着城市继续扩张,原本标准偏低的城区排水系统,因排水区域的增大,排涝能力已不能满足现今的来水量。另外,城市建设截断了排水管网,破坏了排水系统,老城区排水系统老化失修,淤积堵塞严重等,都进一步降低了排水能力。面对倾盆大雨,城市排水系统"小马拉大车",力不从心。

城市管网问题如图 2-36 所示。

(a)纽约(10~15年一遇)

(b)东京(5~10年一遇)

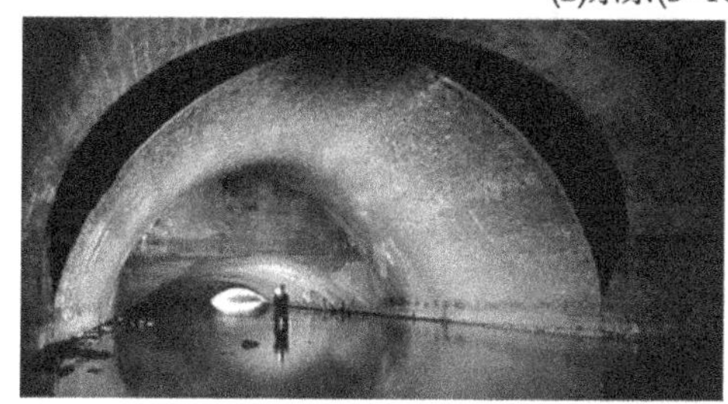

(c)巴黎(5年一遇)

图 2-35　国外地下空间排水系统

(a)道路垃圾引起的雨水口堵塞

图 2-36　城市管网问题

(b)排水管道淤积堵塞

(c)城市建设施工截断排水管网

续图 2-36

2.8 河道行洪排涝能力不足(河)

大湾区三面环山,一面临海,有不少河道发源于山区,穿城而过,流入外江。大湾区城市河道可分为防洪河道(以防洪为主)、排涝河道(以排涝任务为主)和防洪排涝河道(兼具防洪和排涝任务),如广州市增城区新塘镇官湖河和埔安河流域,上游为山区,受山洪影响,下游为城市建成区,河道主要承担市区排涝任务。除广州、深圳等城市中心城区的部分已整治河道外,目前大湾区城市河道防洪标准大部分不足 20 年一遇,排涝能力不足。

以广州为例,至 2020 年,全市大部分区域尚未达到规划要求的 20 年一遇暴雨不成灾的排涝标准,不达标原因主要是成片改造区和老城区改造排涝标准不够,且主要集中在白云、南沙、黄埔、增城等区。城内许多尚未整治的内河水系仍不能满足 10 年一遇的排涝标准,个别区域达不到 5 年一遇的排涝标准。增城、从化、白云的农田及生态保护区未达到 10 年一遇的排涝标准。加上河道中的桥梁、桥涵以及各类垃圾倒弃等阻水,河道行洪空间被占用、堵塞,造成河道行洪不畅,如图 2-37 所示。当流域发生超标准洪水时,极易造成河水漫溢。

(a)桥梁工程建设形成卡口

(b)水土流失阻碍排洪

(c)垃圾倾倒阻碍排洪

图 2-37　河道行洪空间被占用、堵塞

“5·22”特大暴雨期间，埔安河流域发生超标准降雨(1 h 降雨约 20 年一遇，3 h 降雨 100 年一遇，6 h 降雨约 50 年一遇)，而河道防洪标准不足 10 年一遇，且河道多处卡口、淤积，导致河水漫溢、山水进城，流域内的翡翠绿洲小区水淹约 9 h。

国内外大城市防洪、治涝标准及年降雨量见表 2-4。

表 2-4　国内外大城市防洪、治涝标准及年降雨量

城市	城市防洪标准	内涝防治重现期(暴雨)	年降雨量(mm)
东京	100~200 年一遇	50~100 年	1 810
纽约	100~500 年一遇	50~100 年	1 056
伦敦	200~1 000 年一遇	30~100 年	1 100
香港	200 年一遇	50~100 年	2 400
广州	中心城区 200 年 其他 50~100 年	20 年	1 899

2.9 外江潮位影响(江)

粤港澳大湾区属沿海地区,独特的地形条件使其常年受到南海潮汐的影响,潮汐顶托和台风影响也是产生城市内涝的主要原因之一。主要表现为外海发生风暴潮,台风驱动海水向近海堆积而导致沿岸水位异常升高,潮水漫溢,或冲毁海堤,发生灾害。外海潮位上升,潮汐从入海口倒灌入河道内,河水水位上升漫溢,易发生洪涝灾害。抑或者外江发生天文大潮、风暴潮或流域性大洪水,海水顶托,使得城市河道洪水水位上升,不能及时排入外江,河道长时间维持高水位,排水管网排水能力大幅度下降,出现内涝。如广州市市区地势低洼,区域内河道均属感潮河段,受珠江口伶仃洋潮汐作用影响,外江高水位的顶托,造成排水不畅,发生内涝。

2.9.1 潮位逐年攀升

近年来,珠江河口八大口门及外海潮位普遍持续升高,进一步恶化了大湾区城市的排涝形势。

一是年平均高潮位抬高。根据统计结果显示,珠江八大口门及外海年平均高潮位普遍持续升高,2010 年以来和 20 世纪 90 年代相比,升幅在 0.01~0.14 m。外海的担杆头、赤湾、荷包岛和三灶 4 个站点的年平均高潮位呈现上升的趋势,其中荷包岛站年平均高潮位上升趋势最为明显。八大口门的黄埔、南沙、万顷沙西、横门、灯笼山、黄金、西炮台和黄冲(官冲)8 个站点的年平均高潮位呈现上升的趋势,其中黄金站年平均高潮位上升趋势最为明显(见图 2-38)。

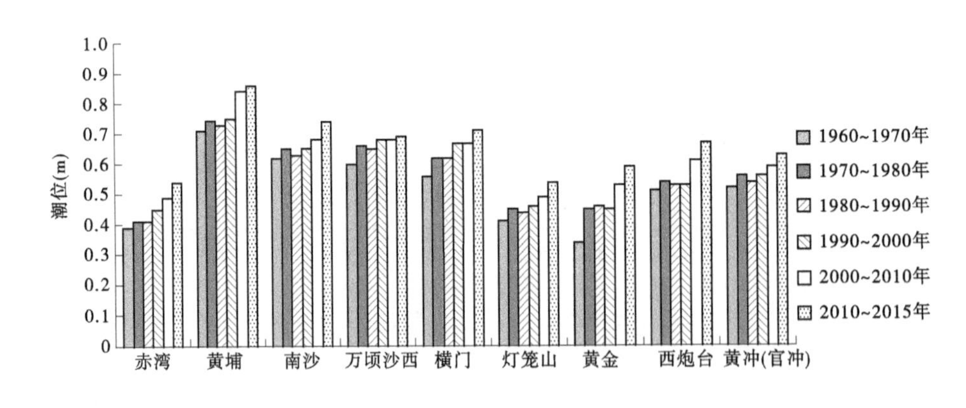

图 2-38 各年代年平均潮位对比

二是 20 世纪 90 年代以来,珠江口八大口门年最高潮位均呈现抬升的趋势,升幅在 0.15~0.67 m,其中灯笼山站的上升趋势最为明显(见表 2-5)。各年代年最高潮位对比见图 2-39。

表 2-5　各年代年最大潮位统计

（单位：m）

站点	1960～1970 年	1970～1980 年	1980～1990 年	1990～2000 年	2000～2010 年	2010～2015 年
黄埔	1.92	1.97	1.94	2.00	2.21	2.34
南沙	1.90	1.85	1.90	1.94	1.98	2.26
万顷沙西	1.89	1.88	1.93	2.16	1.99	2.20
横门	1.79	1.80	1.87	2.02	2.00	2.24
灯笼山	1.52	1.60	1.71	1.80	1.97	2.19
黄金	1.58	1.60	1.65	1.87	1.85	2.11
西炮台	1.79	1.77	1.80	1.83	2.07	1.99
黄冲(官冲)	1.78	1.78	1.79	1.85	2.01	1.93

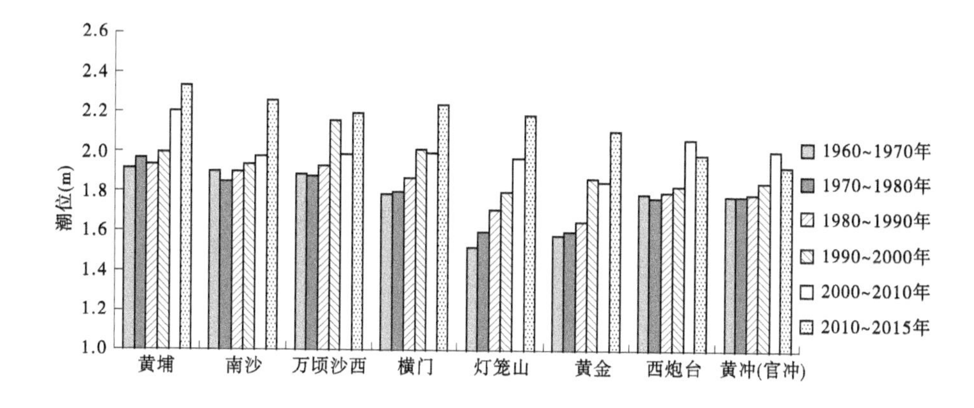

图 2-39　各年代年最高潮位对比

2.9.2　台风暴潮侵袭

台风暴潮是受大气强烈扰动而导致海面异常升高的现象，台风暴潮一旦与天文大潮相遇，两者高潮位相互叠加，往往能使得水位暴涨，海水轻松越过护岸入侵内陆，在极短的时间内侵入几十千米，给沿海地区带来巨大的经济损失和人员伤亡。广东沿海是经济发达和人口密集的地区，也是台风暴潮灾害最严重的地区之一。而且洪水季节中的 6～10 月正是台风最活跃时期，当洪水下泄时，如果遇到台风暴潮，二者叠加后形成的灾害就更加严重。

近年来，风暴潮灾害的损失占比已位居中国各种海洋灾害损失之首，并呈现逐年增加的趋势，成为威胁中国沿海地区社会经济发展最严重的自然灾害。据统计，2008～2016 年，广东省海洋灾害造成的直接经济损失约 428.34 亿元，其中 426.56 亿元由风暴潮引起，占总损失的 99%以上，成为制约大湾区经济、社会可持续发展的重要因素之一。

联合国政府间气候变化专门委员会（Intergovernmental Panel on Climate Change，简称

IPCC)第四次及第五次报告指出,受全球变暖以及海平面上升的影响,海岸带地区台风、风暴潮等极端事件风险日益增加,成为全球变化高风险热点区域,对沿海地区的人类生存和发展造成严重威胁。中国气候变暖趋势以及海平面上升与全球一致,导致沿海地区的形势尤为严峻,30%以上沿海地区为高脆弱区域。在无相应防御措施情况下,到2050年,广州、深圳的年均损失将分别位列全球首位和第五位。粤港澳大湾区面临的淹没风险及年均损失均处于全球前列,水安全保障面临极大挑战。

1961~2018年粤港澳大湾区平均气湿变化及沿海海平面变化如图2-40、图2-41所示。

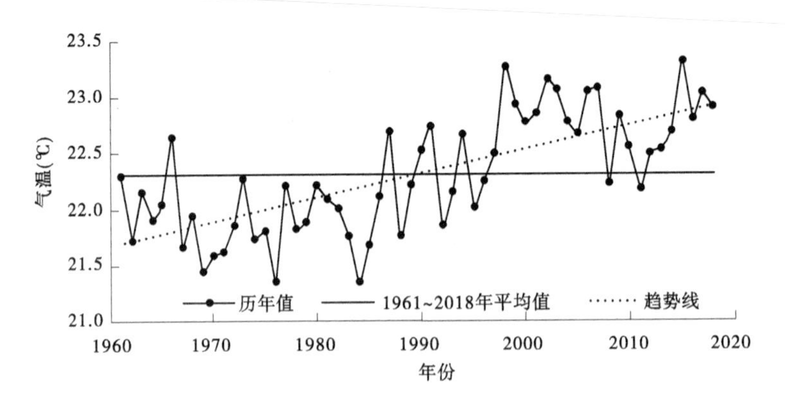

图2-40　1961~2018年粤港澳大湾区平均气温变化

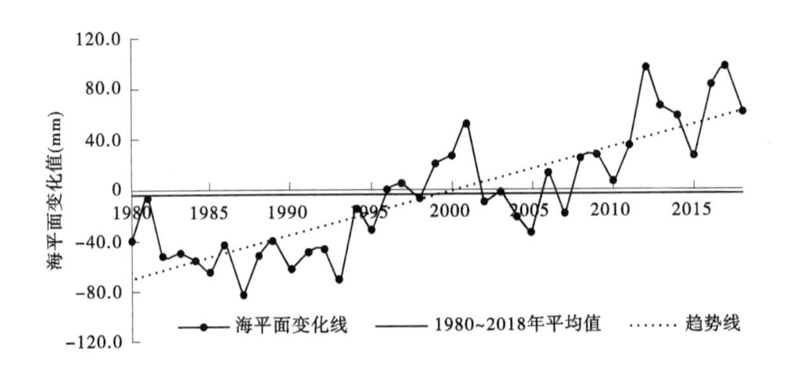

图2-41　1980~2018年粤港澳大湾区沿海海平面变化

粤港澳大湾区地处珠江河口,风暴潮灾害频发。20世纪90年代对粤港澳大湾区影响最大的台风为1993年的9316号台风“贝姬”,登陆地点在黄茅海附近,对江门、珠海等市造成了重大的损失;21世纪最初10年,粤港澳大湾区的典型的风暴潮灾害以2008年的0814号台风“黑格比”为代表,台风引发了珠江口及粤西沿海特大风暴潮灾害,对粤港澳大湾区西部沿海的珠海、中山、江门造成了严重的影响;21世纪10年代,粤港澳大湾区连续2年(2017年的1713号台风“天鸽”和2018年的1822号台风“山竹”)遭受强台风级别以上台风的正面登陆,香港、澳门、珠海等地受灾严重。

2.10 小　结

洪涝灾害包括江河洪水、台风暴雨、山洪泥石流以及局地暴雨等各种类型,是威胁我国城市生命财产最大的自然灾害之一,平均每年全国都有百余座城市遭受洪涝灾害的侵袭。随着城市化进程的不断加快,城市洪涝灾害的成灾特性发生了深刻变化,气象、水文环境的改变导致灾害发生频率与强度增加,破坏性的人为活动加剧了洪涝灾害的致灾强度,城市经济资产和人口的高密集性,致使城市经济损失大幅增加。城市防洪排涝已成为中国防洪排涝体系的一个突出短板,严重影响了城市人民生命财产安全,对城市形象也造成了极为负面的影响。本章在城市经济统计数据、水文气象资料、水务管理现状、洪涝灾害情况等方面数据分析基础上,提出了城市洪涝灾害的成因主要包括"天、地、管、河、江"五个方面:①天,暴雨强度和频次增加。城市"热岛效应"导致城市暴雨次数和强度增加,大概率提升了城区出现内涝的概率。②地,城市下垫面发生改变。城市化进程的加速带来城市建设用扩张,地面"硬底化"、雨水调蓄空间锐减、天然汇水格局被打破,造成雨水下渗少、汇流快、峰值大,来不及排走形成内涝。③管,基础排水设施标准低。我国城市排水标准普遍偏低,整体效率不高,管养不到位,导致城市排水系统"小马拉大车",力不从心。④河,河道行洪排涝能力不足。城区河道设计标准偏低,加之河道中的阻水建(构)筑物以及水土流失、垃圾倾倒等因素,使得河道行洪空间被占用、堵塞,造成行洪不畅,导致河水漫溢。⑤江,外江潮位影响。城市台风暴雨侵袭或城区内强降雨遭遇外江天文大潮或风暴潮,外江高潮位顶托会导致城市河道洪水不能及时排入外江,河道长时间维持高水位,排水管网排水能力大幅度下降,易出现内涝灾害。综合以上分析,希望能为城市洪涝灾害防御和相关策略的制定提供参考。

第3章　城市雨洪径流特性及计算方法

3.1　城市雨洪径流特性

3.1.1　城市地区雨洪径流的一般情况

随着一个国家或地区社会生产力的发展、科学技术的进步以及产业结构的调整,社会由以农业为主的传统乡村型,向以工业(第二产业)和服务业(第三产业)等非农产业为主的现代城市型社会逐渐转变,人口不断地向城市集中,城区面积不断扩张,这一过程称为"城市化"。粤港澳大湾区城市群由原珠三角城市群的广州、深圳、佛山、东莞、惠州、中山、珠海、肇庆、江门9市及香港、澳门2个特别行政区组成,城市群整体的城市化水平较高,是中国经济活力最强、人口增长迅速、城市化最为显著的区域之一。

从城市地理学的观点来看,城市化的过程主要体现在土地利用情况的变化。城市化程度可分为四个发展阶段,即农村、早期城市、中期城市和后期城市。农村阶段,是指研究地区的土地处在耕作或放牧状况,地球上大部分土地都处于该阶段。早期城市阶段,土地利用的特点是大量修建城市型房屋,但仍有不少土地被原有植物覆盖,一些农村的小社区和城郊区域属于此类。中期城市阶段,住房、商业中心、学校、工厂等建筑物大规模发展和建设,并伴随着越来越多的土地用于街道和人行道,大城市郊区多属中期城市发展阶段。后期城市阶段,是整个城市更大发展的结果,可能使遗留下的原有植物缩减为零,且地面完全被人工建筑和某些设施覆盖。粤港澳大湾区城市群以珠江口为中心的核心区内,已发展到后期城市阶段。

随着城市化的进程,城区土地利用情况的改变,如清除树木,平整土地,建造房屋、街道以及整治排水河道,兴建排水管网等,直接改变了当地的雨洪径流形成条件,使水文情势也发生变化。在城市建设的早期,30%的降雨汇集形成地表径流,其余雨量都通过植被、土壤等渗入地下,被滞留下来。随着城市的快速发展建设,原有地表植被由高楼大厦、柏油路、人行道所取代,土地逐渐硬质化,硬质路面的面积逐年增加,地面失去了对雨水的蓄、滞作用,导致80%以上的降水只能通过路面收集至城市排水管网系统,大大增加了城市排水系统的压力。再加上城市规模的不断扩张、城市人口的急剧增多,生活与生产废水量也随之增加,就使得现有管网系统不能满足现有需求。若遇到强降雨,硬化路面的增多导致地表径流系数增大、损失量减少、产流量加大、汇流时间缩短,城市交通道路、地下轨道交通、地下商业为主的地下建筑空间等地势低洼的地区容易产生积水,便极易发生内涝灾害。上述变化往往加剧城市本身及其下游地区的洪水威胁,同时河道中污染荷载量显著增加,城市化可能引起的水文效应见表3-1。

表 3-1　城市化可能引起的水文效应

城市化过程	可能的水文效应
植物的清除	减少蒸发量和截流量;增加水流中悬浮固体及污染物,减少下渗和降低地下水位,增加雨期径流以及减少基流
房屋、街道、下水道建造初期	增大洪峰流量,缩短汇流时间
住宅区、商业中心和工业区的全面发展	增加不透水面积,减少径流汇流时间,径流总量和洪灾威胁大大增加
建造雨洪排水系统和河道整治	减轻局部洪水泛滥,洪水汇集可能加剧下游供水问题

3.1.2　城市地区雨洪排水系统

城市地区雨洪排水系统可分为大排水系统和小排水系统。小排水系统即城市雨水管渠系统,主要防御标准降雨可能导致的内涝。大排水系统则用来排除或蓄存超过雨水系统排水能力的内涝积水,特别是暴雨、大暴雨导致的道路积水达到 20 cm 及以上的内涝。

小排水系统通常指的是传统的管道排水系统,包含常规的雨水管渠、调节池、排水泵站等,小排水系统主要排放重现期为 1~10 年的暴雨,在内涝控制系统中,小排水系统本身就是其主要组成部分。近年来,内涝控制系统得到广泛应用和重视。在小排水系统中,结合 LID 等源头的控制措施越来越多地被用到,有时甚至可替代源头。英国建筑行业将 SUDS 中的源头控制措施划分到小排水系统中。

大排水系统的组成包括排水部分和蓄水部分,其中城市内河内湖等天然水体、道路隧道、地下大型排水、调蓄设施和地面洪泛区等为排水和蓄水的主要组成部分。大排水系统的设计降雨重现期一般为 50~100 年。蓄排系统的目的主要是预防出现极端天气特大暴雨或暴雨时,应对超过小排水系统设计标准的超标状况。排水主要指具备排水功能的开放沟渠、道路等地表径流通道,蓄水主要指深层调蓄隧道、大型调蓄池、天然水体等调蓄设施、地面多功能调蓄等。大排水系统组成见图 3-1。

在措施本质上,小排水系统和大排水系统区别不大,两者的主要区别是设计标准、具体形式、针对目标有所差异,图 3-2 为大排水系统与小排水系统的关系。小排水系统和大排水系统形成一个整体,两者存在相互作用和衔接,具有较高的排水防涝标准,发达国家的校核通常按 100 年一遇的暴雨进行。

3.1.3　城市化对降雨的影响

目前,全球正在加速城市化。联合国提供的资料表明,世界上城镇人口仅占总人口的 3%;1950 年全世界城市人口占总人口的 29.7%(7.49 亿人);2000 年这一比例达到 47.0%(28.45 亿人)。进入 21 世纪,世界人口城市化水平进一步提高,预计到 2025 年,全球 80%的人口将居住在城市。对中国而言,近几十年中国的城市人口迅速增加、城市

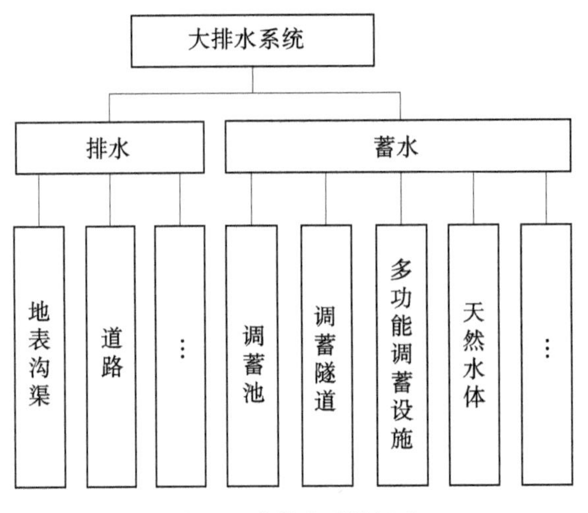

图 3-1　大排水系统组成

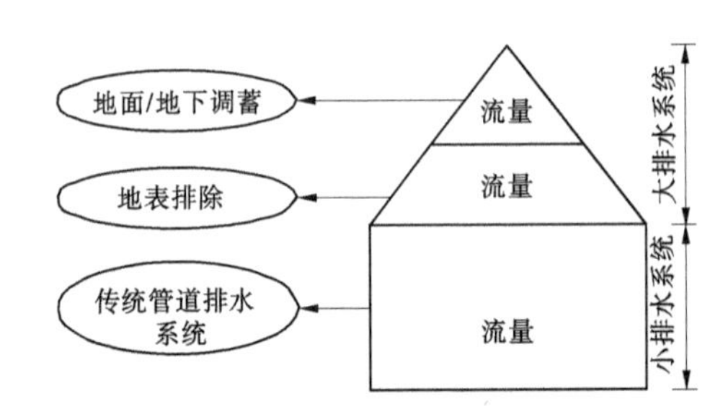

图 3-2　大排水系统与小排水系统的关系

规模不断扩大，统计显示东部沿海的城市化水平已达到 55%，形成了由长三角、珠三角、京津冀 3 个特大城市群等组成的沿海城市带。近期，城市及城市群地区频繁发生的高温热浪和强降水事件等气象灾害，已经严重影响到人民生命财产安全和经济社会的可持续发展。越来越多的研究表明，城市化与城市降雨之间存在一定的关联。为减少灾害损失，提高城市人居环境，增强城市布局的科学性，研究城市化的气候效应变得日益重要。

城市化对降雨的影响主要由城市气候变化造成，许多城市自然灾害的起因都与气象因子的变化有关。从 20 世纪初开始到现在，国内外大量研究数据及成果显示，城市化影响了城市局部地区的降雨。

首先，城市化改变下垫面属性。城市内有大量的人工构筑物，如混凝土、柏油路面、路砖、各种建筑墙面等各种不透水材料，改变了下垫面的热力属性，这些人工构筑物吸热快而热容量小，在相同的太阳辐射条件下，它们比自然下垫面（绿地、水面等）吸热和放热都快，因而其表面温度明显高于自然下垫面（如图 3-3 所示）。

其次，人为热源的影响。交通运输、工厂生产以及居民生活等都需要燃烧各种燃料，每天都在向外排放大量的热量。此外，城市里中绿地、林木和水体的减少也是一个主要原因。随着城市化的发展，城市人口增加，城市中的建筑、广场和道路等大量增加，绿地、水体等却相应减少，缓解热岛效应的能力被削弱。

最后，城市中的大气污染也是一个重要原因。目前，雾霾天气影响着我国绝大多数城

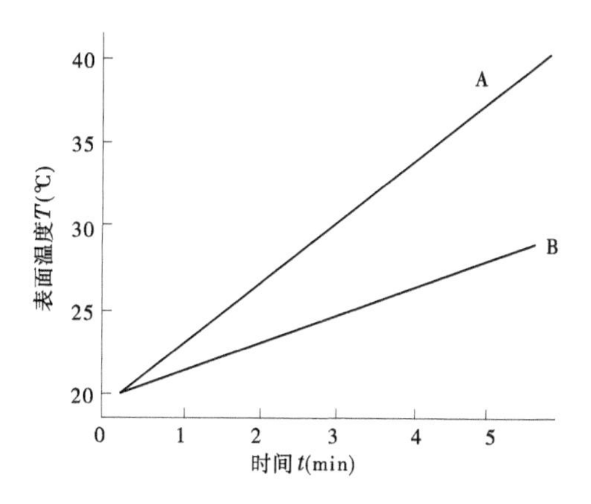

图3-3　相同辐射下混凝土(A)和绿地(B)表面温度变化对比

市,而雾霾主要来源于城市中机动车、工业生产以及居民生活产生的大量氮氧化物、二氧化碳和粉尘等排放物。雾霾就像一层被子覆盖在城市上空,吸收下垫层产生的热辐射,可导致明显的温室效应。这些物质吸收下垫面热辐射,产生温室效应,从而引起大气进一步升温。

与周围郊区及乡村相比,城市的气温明显偏高。其特征往往是城市中心气温最高,而向周围郊区及乡村逐步递减,在郊区递减速度较快。城市气温明显高于周围郊区及乡村的现象称为"城市热岛"。

大都市的形成伴随着城市热岛效应,城市热岛形成的原因根据相关资料分析,主要包括以下几点:人为热源;建筑材料的热容性;建筑结构峡谷形式增加接受辐射的面积;大气污染增强了吸收太阳辐射能力。

热岛效应可导致城市上空气层结构不稳定,进而引起热力对流。而当城市上空水汽充足时,就会很容易形成对流雨,尤其是在夏季。这种降雨形式的典型特征是强度大、时间短,是城市发生夏季暴雨的主要原因。而且由于城市建筑的阻碍作用,导致空气运动减缓,且产生机械湍流,造成雨水滞留时间增长。

国内外大量研究表明,一般百万人口城市城区平均气温比郊区高,城市热岛效应促使城市上空气层结构不稳定,引起热力对流,当城市中水汽充足时,容易形成对流云和对流雨,这种降雨所表现出的主要特性是降水强度增加并常伴冰雪暴风雨等灾害性天气;而大量的城市建筑物,加大了地表粗糙程度。当气流从郊区向城区移动时,城区中高度不一且规模庞大的高层建筑如同屏障,使空气产生机械湍流,而人工热源则导致势力湍流。同时,受层摩擦影响,空气动力糙率发生改变,空气运动受到明显影响,强风在城区减弱而微风得到加强,城市阻碍效应造成气流总体移动速度减慢和在城区滞留时间增加,进而导致城区降雨强度增大及降雨时间延长。

上述原因导致城市在总降雨量增加的同时,城市及城市周围的暴雨出现概率增加,城市的气候变化与农村相比如表3-2所示。

表 3-2　城市的气候变化

影响要素	要素指标	与附近农村相比
大气污染物	凝结核	增加 10 倍
	微粒状物质	增加 10 倍
	气体混合物	增加 15~25 倍
云量	云	增加 5%~10%
降雨	总量	增加 5%~10%
	雷暴雨	增加 10%~15%
气温	年平均	增加 0.5~3 ℃

3.1.4　城市化对径流形成的影响

伴随着城市的扩张，建设用地规模增大，城市下垫面条件发生显著的变化，原有的大量耕地、低洼地等被侵占，甚至一些沟塘被填埋，城市滞水空间缩小。地面结构的变化改变了天然水的循环过程和分配方式，天然降水落到地面以后大约有 10%形成地表径流，约有 40%左右消耗于陆面的蒸发和充填洼地，大约有 50%的降水，通过渗蓄存在于地下水位之上的包气带，后又在重力的作用下补偿地下水。在城市化高速发展的今天，城市化建设造成下垫面硬化，城市地面不透水层可达 70%~90%，直接导致降水入渗量减少，对于径流形成有着很大的影响。不透水面积的增加将会导致降雨径流系数增大，汇流时间缩短，从而使城市河道洪水峰值增大，出现时间提前，洪涝问题更为突出。

3.1.4.1　对径流系数的影响

径流系数是分析城市降雨产流量的重要参数之一，其计算方法是一定汇水面积内地表径流量(mm)与降水量(mm)的比值，是任意时段内的径流深度 y(或径流总量 W)与同时段内的降水深度 x(或降水总量)的比值。径流系数说明在降水量中有多少水变成了径流，它综合反映了流域内自然地理要素对径流的影响，其计算公式为 $a=-y/x$。而其余部分水量则损耗于植物截留、填洼、入渗和蒸发。

下垫面是指与大气下层直接接触的地球表面，大气圈以地球的水陆表面为其下界，称为大气层的下垫面。它包括地形、地质、土壤和植被等，是影响气候的重要因素之一。城市高楼林立，与大气下层直接接触的是高楼的楼体，城市的建设使得下垫面发生了变化。城市下垫面的变化，会造成城市气候岛，如热岛效应等，另外下垫面的变化，也导致了城市径流系数的复杂性。

国内外大部分学者通过试验得出了不同下垫面径流系数与降雨强度、降雨时间的关系，具体相关系数如表 3-3 所示。

表 3-3　降雨强度与径流关系拟合方程及相关系数

下垫面类型	拟合方程	相关系数
水泥路面	$1/C=1+[0.038/(Q-0.060)]$	0.95
不透水砖	$1/C=1+[0.036/(Q-0.037)]$	0.96
SBS	$1/C=1+[0.021/(Q-0.200)]$	0.98

3.1.4.2　对汇流时间的影响

城市化导致硬化路面所占比例越来越大，而硬化路面的摩擦系数相对于天然地表大大减小。根据时间研究，表 3-4 给出了常见几种地表绝对粗糙度数据，其中混凝土路面的粗糙度为杂草地的 1/50。地面粗糙度减小可使雨水汇流时间大大缩短，同时由于城市排水系统的完善，雨水汇流时间越来越短，使河道流量高峰形成时间提前，洪峰强度、持续时间均增大。

表 3-4　地表的粗糙度

汇流途径	混凝土管道	混凝土路面	砾石面	人工草地	杂草地
绝对粗糙度(mm)	0.5	1	5	20	50

广州是高度城市化城市，城市化率达 86.38%。相关研究表明，在城市建设导致的“硬底化”影响下，广州的地面径流系数由 0.3～0.5 增大到 0.6～0.9，暴雨汇流速度加快，“龙舟水”径流峰值出现时间提前了 1～2 h；同时，城市建设导致农田、池塘、河道、湖泊等“天然调蓄池”被填平、占用，城市的自然调蓄能力大幅下降；城市规划和重要项目方案未充分考虑防洪排涝要求、未深入论证洪涝安全等，进一步增加了洪涝灾害发生的概率。如位于南岗河流域的开源大道隧道，“5・22”特大暴雨期间最大积水深度达 3.24 m，导致 2 人溺亡。究其原因，地势低洼区道路交通应采用高架桥方案，采用隧道方案则变成了低洼地的“锅底”，大暴雨汇流或附近河水漫溢，水迅速向隧道汇集，极易造成人员伤亡。

总体来看，城市化对径流的影响可以归纳为以下几方面。

（1）大规模建造房屋，铺砌道路，使下垫面不透水性大大增加，其结果是下渗量和蒸发量减少，而地表径流和径流总量增加，洪峰流量加大。

（2）城市排水系统管网化，使暴雨径流尽快地就近排入水体，使洪水汇流速度增加，洪量更为集中。

（3）对城市汇水河道整治与改建，整治后的特点是河道直线化，断面规则化，呈梯形或矩形，边坡用砖石衬砌。增加了河道输水能力，使洪量集中。

（4）侵占天然河道洪水滩地，减小了洪水滩地储洪容量和泄洪能力，使城市遭遇大洪水时，河道调蓄能力减弱，洪水浸溢积聚城市地面而形成积水。

（5）设立各种类型的控制性闸坝，进行人工调节，影响城市径流过程。

（6）来自城市外的引水和城市本身污水排放，造成径流水量和水质的变化。

3.1.5　城市化对洪水的影响

洪水对城市化程度非常敏感。随着城市化的发展,导致城市人口高度集中、建筑物密集、绿地和透水面积减少,城市气候和下垫面条件均发生明显的变化。通常城市的降雨量比四周的郊区农村大,汛期的雷暴雨量也增多。大面积天然植被和农业耕地被住宅、街道、公共设施、商业用地及厂房等建筑物代替,下垫面的滞水性、渗透性、降雨径流关系等均发生明显的变化。城市区降雨后,截留填洼,下渗的损失量很小,加之城市道路、边沟以及下水道系统的完善,使城市集水区天然调蓄能力减弱,汇流速度明显加快,径流系数也明显增大,城市化所及地区的产汇流过程发生显著变化,结果导致雨洪径流及洪峰流量增大,峰现时间提前,行洪历时缩短,洪水总量增加,洪水过程线比相似的农村地区明显变得峰高坡陡。

最大的年洪峰流量比较明显地集中在城市发展后半段时间内,即当不透水面积比例超过 20%以后,城市发展的前后两段时期其洪水特性有明显变化。根据美国一些中小城市调查:不透水地面面积达 12%,平均洪水流量为 17.88 m^3/s,洪水汇流时间为 3.5 h;不透水地面面积达 40%,平均洪水流量为 57.88 m^3/s,洪水汇流时间为 0.4 h。也就是说,不透水地面面积增加两倍,洪水流量也大致增加两倍,汇流时间则缩短 6/7,且在相同的降雨条件下,城市洪水流量可达到农村的 10 倍,洪水汇流速度则缩短 2/3 以上。

据 Espey 等 1969 年的研究表明:城市化后的单位线洪峰流量要比城市化前的增大近 3 倍,单位线的上涨段时间缩短了近 1/3。同时研究还指出,根据河道整治情况、不透水面面积所占比重的变化、河道植被的数量以及排水设施等不同条件,暴雨所产生的径流的洪峰流量估计可为城市化前的 2~4 倍。

一般情况下,由于城市化的作用,常遇洪水(短重现期洪水)的洪峰流量将会增大,洪水重现期会缩短。Wilson 对美国密西西比的杰克逊河的研究结果表明,一个完全城市化的流域的多年平均洪峰流量比相似的农村流域的要增大 4.5 倍,50 年一遇洪水的洪峰流量也要增大 3 倍。城市化后由于河漫滩地被侵占,导致滞蓄洪水的能力降低,使得洪水出现的频率随之增加,据估算百年一遇的洪水出现概率可增加 6 倍。

水文过程是气象与下垫面、人类活动共同作用的结果。高度城市化建设对降雨、地表产汇流、涝水蓄滞及排泄等产生显著影响,是发生内涝的重要诱因。

综合来看,城市地区的洪水问题可以概括为以下几个方面:

(1)城市本身暴雨引起的洪水。由于城市的不断扩张,这一问题会变得越加突出,这是城市排水面临的主要问题。

(2)城市上游洪水对城区的威胁。可能来自城市上游江河洪水泛滥、山区洪水、上游区域排水或水库的下泄。解决这类问题属防洪范畴。

(3)城市本身洪水下泄造成的下游地区洪水问题。由于城区不透水面面积增加、排水系统管网化、河道治理等使得城市下泄洪峰成数倍至几十倍增长,这对下游洪水威胁是逐年增加的,构成了城市下游地区的防洪问题。

3.2　城市暴雨洪水计算方法

3.2.1　城市暴雨洪水特性

城市中的暴雨作为一种在大规模人类聚集地的极端气候事件,严重影响城市安全。城市气候特性既受到区域大气候背景的影响,又受到城市化进程中人类活动所产生的影响。近年来,在我国城市中发生的短历时、高强度降水经常致灾,因此对城市暴雨的时间和空间分布特性的研究亟待展开。

3.2.1.1　暴雨特性

粤港澳大湾区位于我国南部低纬度热带、亚热带季风区,地域广阔,气候复杂,大部分地区属南亚热带湿润气候。形成流域暴雨的主要天气系统有锋面、低压槽、低压、低涡、切变线、低空急流及热带气旋等。锋面主要活动于 4~6 月,低压槽造成的暴雨也多发生于此间;低压、低涡、切变线主要活动于春夏季,往往同时出现,所产生的暴雨量大、面窄、历时短,多与其他天气系统配合才能产生持续性暴雨;低空急流多位于西太平洋副热带高压边缘;热带气旋主要发生在 7~9 月。

粤港澳大湾区冬季处于极地大陆高压边缘,盛行偏东北季风,为干季,暴雨较少;春夏季水汽丰沛,暴雨多、强度大;秋季是过渡期,降雨量和暴雨频次都迅速减少。前汛期 4~6 月,流域内大部分地区以锋面、低槽暴雨为主,暴雨次数约占全年暴雨次数的 58%,后汛期 7~9 月则以台风雨居多,前、后汛期均可能发生稀遇暴雨,但高量级暴雨多发生在前汛期。粤港澳大湾区的暴雨量由东向西递减,且山地多、平原河谷少,暴雨高值区多分布在较大山脉的迎风坡。

城市暴雨历时短、强度大、一般多为单日非连续性暴雨;雨强随时间变化急剧、衰减快、高强度的暴雨常集中在几十分钟之内。且大型城市短历时暴雨在大范围内呈现峰值雨量增多且历时减少的特点;长历时暴雨在大范围内呈现降雨重心和降雨峰值时间位置同时提前,暴雨历时变化与降雨重心和峰值位置变化没有显著关系,但仍在大范围内呈现历时减少的特征;特长历时暴雨在大范围内没有明显的统一性变化。

3.2.1.2　洪水特性

洪水是由暴雨、风暴潮等自然因素引起的江河湖海水量迅速增加或水位迅猛上涨的水流现象。当流域内发生暴雨或融雪产生径流时,都依其远近先后汇集于河道的出口断面处。当近处的径流到达时,河水流量开始增加,水位相应上涨,这时称洪水起涨。及至大部分高强度的地表径流汇集到出口断面时,河水流量增至最大值称为洪峰流量,其相应的最高水位,称为洪峰水位。到暴雨停止以后的一定时间,流域地表径流及存蓄在地面、表土及河网中的水量均已流出出口断面时,河水流量及水位回落至原来状态。

珠江流域洪水发生的时间和地区分布与暴雨一致。西江洪水一般出现在 6~8 月,往往由几次连续暴雨所形成,洪水过程的特点是峰高、量大、历时长,洪水过程线呈多峰或肥胖的单峰形式。

城市洪水主要由暴雨形成,由于暴雨覆盖面积广、强度大,缺乏湖泊调蓄,因此洪水汇流速度较快,峰高、量大、历时长。暴雨特性及地形地貌等自然条件的不同,导致流域内的不同水系、干流与支流的洪水特性互有差异。

3.2.2 城市设计暴雨计算方法

城市设计暴雨是指符合设计标准的暴雨量及时程分配过程。是推求城市雨洪径流所需的主要资料。根据当地雨量资料条件,推求最大 24 h 设计暴雨量,分析雨量、频率和历时的关系,建立适合该地区的设计暴雨计算公式,再对典型的暴雨过程进行放大而得到不同历时的设计暴雨及过程。这种方法主要适用于汇水面积较小的流域和城市地区。

3.2.2.1 年最大 24 h 设计暴雨量

城市设计暴雨计算的要求,是推求各节点处符合设计频率的成峰暴雨。在计算时,一般不考虑暴雨在空间分布上的不均匀性,以中心点的设计暴雨量代替设计面雨量。城市排水区成峰暴雨历时一般都比较短,从几十分钟到若干小时,一般都小于一天,不过各个排水区并不相同。因此,只有在所负担排水区域的中心具有充分长的自记雨量计观测记录,才能按要求的历时选取暴雨量进行频率分析,从而得出设计成峰暴雨量。实际上,并不可能如此直接进行计算,因为我国迄今自记雨量设备普及时间尚短,具有长期观测记录的测站更少,自记雨量计只在全国为数不多的大中城市才有,所以城市设计暴雨计算方法必须适应当地无资料的条件。目前的方法是分两步走:先求中心点年最大 24 h 设计雨量 $X_{24,P}$,再由雨量-频率-历时关系来推求任意历时 t 的设计成峰雨量 $X_{t,P}$。

推求年最大 24 h 设计雨量的常用方法有两种,可根据当地资料条件而定。

(1)由年最大一日设计雨量简单推求。若排水区中心附近具有足够长的人工观测资料系列,可推求得符合设计标准 P 的年最大一日设计雨量 $X_{(1),P}$。由于人工观测雨量是固定以 8:00 为日分界,因此年最大一日雨量不大于年最大 24 h 雨量,即 $X_{(1)} \leqslant X_{24}$。

年最大 24 h 雨量与年最大一日雨量的比值 $\alpha \geqslant 1$,可按下式计算年最大 24 h 设计雨量 $X_{24,P}$。

$$X_{24,P} = \alpha X_{(1),P} \tag{3-1}$$

由各地分析所得 α 值变化不大,一般都在 1.1~1.2,常取 α=1.1。

(2)如果当地无资料,可查用年最大 24 h 雨量统计参数 $\overline{X_{24}}$、C_v 等值线图。粤港澳大湾区的水文部门均已绘制了上述暴雨参数的等值线图。根据工程所在地点的地理位置,可从图上求得当地年最大 24 h 雨量均值 X 和变差系数 C_v,偏态系数 C_s 一般取 3~4 倍 C_v。根据皮尔逊Ⅲ型频率曲线表,通过查算可以得出中心点年最大 24 h 设计雨量 $X_{24,P}$。

3.2.2.2 雨量-频率-历时关系的分布和应用

为了适应不同的成峰暴雨历时,需要分析确定当地的雨量-频率-历时关系。并可以由年最大 24 h 设计雨量做历时变换,求得相应排水区成峰暴雨历时的设计雨量。

分析雨量-频率-历时关系时,是先对具有充分资料系列的测站做分析,得出各单站的关系,再做地区综合,分区确定其雨量-频率-历时关系。此关系有两种表达方式:一是用曲线图形;二是用经验公式。现分别说明如下。

1. 雨量-频率-历时曲线

有资料条件下单站的关系曲线绘制。对本地区内少数具有长期自记雨量记录系列的测站，将其资料分别作单站分析。其步骤如下：

（1）从实测短历时暴雨资料中，摘录出每年各种时段的最大雨量，统计时段一般常用10 min、30 min、60 min、180 min、360 min、720 min、1 440 min，必须要注意基本资料的精度和系列的代表性。

（2）对每个时段的逐年暴雨量进行频率计算。频率计算方法可采用试线法。

（3）绘制各时段的暴雨量频率曲线（可绘在同一张概率格纸上），并综合比较各种历时暴雨量的频率曲线。对突出的曲线进行适当的调整，使不同历时暴雨资料的频率曲线成一组相交的频率曲线。当短历时暴雨的频率曲线受特大值影响而适线较为困难时，可分区将相同历时各站暴雨资料的频率曲线综合在一起进行比较，然后根据地区平均曲线变化的规律，调整所选站的频率曲线。

（4）从不同历时暴雨量频率曲线上，查阅不同频率的设计暴雨量，再以同一频率 P 的雨量 X_P 为纵坐标，降雨历时 t 为横坐标，频率或重现期为参数，再均匀格纸或对数纸上绘制雨量-频率-历时关系曲线或雨强-历时-频率曲线，某地区雨强-历时-频率曲线如图3-4所示。

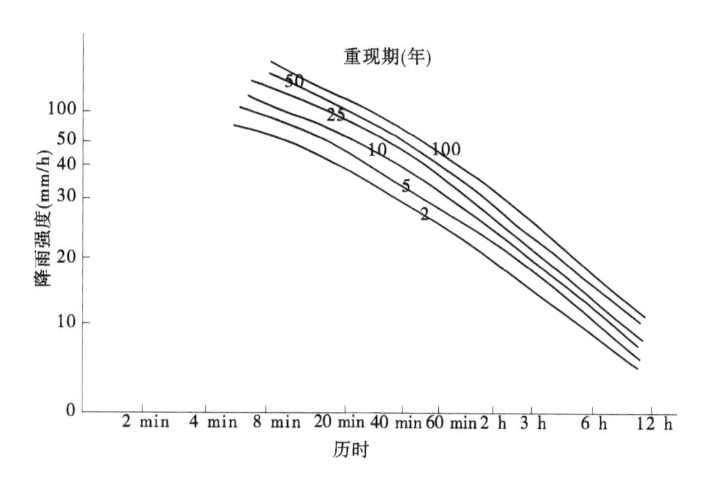

图3-4　某地区雨强-历时-频率曲线

2. 雨量-频率-历时曲线的地区综合

为了便于地区综合，一般将单站雨量-频率-历时曲线变换成雨量百分率-历时曲线，消除频率因素，使各单站不同频率的雨量-历时曲线合并成单一线。绘制雨量-历时百分率曲线，就是变换原雨量-频率-历时曲线的纵坐标，将原纵标 t 时段的雨量 $X_{t,P}$ 变为与同一频率的最大24 h雨量 $X_{24,P}$ 的相对百分数 $X_{t,P}/X_{24,P}$，横坐标不变仍为历时 t，在均匀格纸上绘图，即可绘出雨量百分率-历时曲线。可以发现不同频率 P 的雨量百分率-历时曲线基本上密集在一起。因此，可以消除频率因素 P，且各站还可通过点群中心绘成单一的雨量百分率-历时关系曲线。

再将本地区各站的曲线绘在同一张图上，定出一条平均线作为地区综合的雨量-历时百分率曲线。应用时，只需根据设计最大24 h雨量，在地区综合雨量百分率-历时图上查得指定历时相应的百分率，然后换算为设计暴雨量，应用十分简便。

雨量百分率–历时曲线如图 3-5 所示。

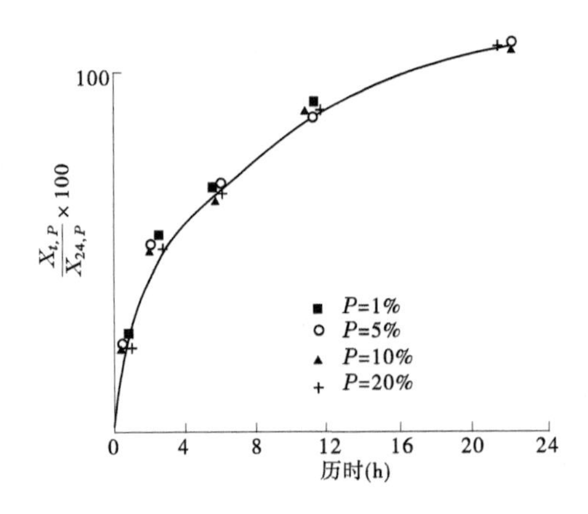

图 3-5 雨量百分率–历时曲线

3.2.2.3 **暴雨公式和设计暴雨的计算**

粤港澳大湾区城市设计暴雨的计算主要是通过暴雨计算公式来进行的。

目前主要使用的暴雨计算公式有两种:一种是水利部门常用的适用于小流域和城市地区的暴雨计算公式;另一种是城建部门常用的暴雨计算公式。不同的地区情况不同,两种公式都可以应用。

1. 水利部门应用的暴雨计算公式

在小流域推求暴雨时,可根据各区《暴雨洪水图集》或地区《水文手册》(图集)所提供的各时段(10 min、1 h、6 h、24 h)年最大暴雨量的均值、变差系数等值线图及 C_s/C_v 的分区图或规定倍比,计算相应历时设计点雨量,其他历时可以用暴雨计算公式或经验公式进行转换。计算方法如下:

根据 24 h 设计暴雨量按暴雨计算公式推求出雨量,计算公式为

$$S_P = X_{24,P} \cdot 24^{n-1} \tag{3-2}$$

任一短历时的设计暴雨,可通过暴雨计算公式转换得到,计算公式为

$$X_{t,P} = S_P t^{1-n} \tag{3-3}$$

暴雨衰减指数 n 要经实测资料分析,通过地区综合得到,一般不是常数,当 $t<t_0$ 时,$n=n_1$;当 $t>t_0$ 时,$n=n_2$;经资料分析在粤港澳大湾区取 1 h, $n_1=0.5$ 左右, $n_2=0.7$ 左右。具体应用时,可由《水文手册》(图集)查得。

2. 城建部门常用的暴雨公式

城建部门常用的暴雨计算公式为

$$i = \frac{A(1 + C\lg T)}{(t + B)^n} \tag{3-4}$$

式中:T 为重现期,年;i 为重现期为 T 年的时段内平均降雨量强度,mm/min;A、B、C、n 为待定参数,可以参考相关资料确定。表 3-5 列出了粤港澳大湾区部分城市的暴雨公式参数。

表 3-5　粤港澳大湾区部分城市的暴雨公式参数

城市名称	A	B	C	n
广州	3 618.427	11.259	0.438	0.750
深圳	8.701	11.130	0.594	0.555
珠海	847.172	5.373	0.659	0.391
佛山	2 770.365	11.526	0.466	0.697
惠州	1 337.746	3.980	0.546	0.562
东莞	3 717.342	14.533	0.503	0.729
江门	2 283.662	11.663	1.128	0.662
中山	1 383.269	3.670	0.498	3.670

3. 参数 n 的地区综合

暴雨参数 n 是反映地区暴雨强度集中程度的特性参数，随气候地形条件不同在地区上变化有一定的规律。例如：沿海各地的 n 值要小于内陆地区；平原地区多阵雨，暴雨历时相对较短，n 值较山区要大些。迎风坡山区，因天气系统受地形阻挡的影响，暴雨历时相对较长，n 值较平原地区要小些。如 n 值变化较大，结合地区气候条件分析，发现在地区上有一定变化规律时，可在地形图上勾绘参数的等值线图。当参数 n_1、n_2 值在地区上差别不大，变化又无规律时，可取各站平均值，作为地区代表参数。

在各地区水文手册内，都给出了暴雨参数的等值线图或分区的暴雨参数值，应用时只需根据当地符合设计频率的年最大日雨量代入到暴雨公式即可算出任何历时的设计雨量。

3.2.2.4　设计暴雨的时程分配

暴雨时程分配是指一定历时的雨量在该历时内各时段的分配值。它反映了降雨随时间的变化特征，对雨洪径流的形式起决定性作用。即使雨量相同，时程分配不同的暴雨，形成的洪水过程线的形状也不相同，这对防洪安全将产生不同的影响。因此，求得设计雨量后，还需拟定暴雨时程分配过程，简称“雨型设计”，其计算方法通常用典型暴雨过程同频放大法。

典型暴雨过程应在暴雨特性一致的气候区内选择有代表性的雨量过程，所谓代表性是指典型暴雨特征能够反映设计地区的情况，符合设计要求，如该类型出现次数较多，分配形式接近多年平均和常遇情况，雨量大、强度大，且对工程安全有较不利的暴雨过程。对工程不利的暴雨过程就是暴雨比较集中且洪峰出现靠后，形成的洪水过程对防洪安全影响较大的暴雨过程。

选择典型时，原则上应从本地区实测降雨资料过程中选取，城市地区由于排水区域面积一般较小，往往以单站雨量（点雨量）过程作为典型过程。在缺乏资料时，可以引用各地区水文手册中地区综合概化的典型雨型（一般以百分数表示）。

3.2.3　城市设计洪水计算方法

降雨径流是指雨水降落流域表面，经过流域的蓄渗等系列损失分别从表面和地下汇集到河网，最终流出流域出口的水流，即从降雨开始到水流汇集到流域出口断面的整个物理过程称为径流的形成过程。径流的过程是非常复杂的过程，为了便于分析，通常将其概化为产流和汇流两个阶段。

城市雨洪的产流和汇流，其计算原理和一般流域雨洪径流的计算区别不大，仅因城市的下垫面有特殊性（如不透水面面积所占比例较大且存在下水道汇流等情况），致使城市地区雨洪过程的计算方法有一定的特色。

3.2.3.1 产流过程及计算

1. *产流过程*

降落到流域内的雨水，除少部分直接降落到河道内成为径流外，一部分雨水会滞留在植物的枝叶上（植物截留），植物截留的雨量最终消耗于蒸发。落到地面上的雨水，首先向土中下渗，当降雨强度小于下渗强度时，雨水全部渗入土中；当降雨强度大于下渗强度时，雨水按下渗能力下渗，超出下渗能力的雨水称为超渗雨。超渗雨会形成地面积水积蓄于地面上大大小小的洼地中（填洼），填洼的雨水最终消耗于下渗和蒸发，不能形成地表径流。随着降雨的继续，满足填洼的地方开始产生地面径流。下渗到土中的雨水，首先被土壤颗粒吸收，成为包气带土壤水，并使土壤含水土壤含水量不断增加，当土壤含水量达到田间持水量后，下渗趋于稳定，继续下渗的雨水，将沿着土壤的孔隙流动，一部分会从坡侧土壤孔隙渗出，注入河槽，这部分水流称为表层径流或壤中流；另一部分雨水会继续向深处下渗，补给地下水，使地下水面升高，并沿水力坡度方向补给河流，或以泉水露出地表，形成地下径流。径流形成过程如图 3-6 所示。

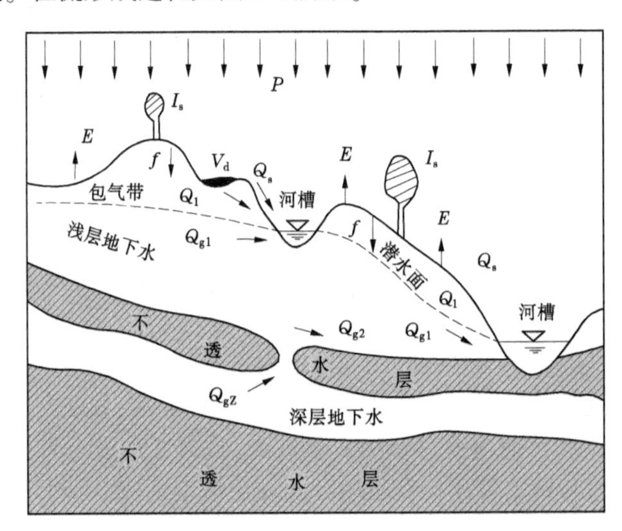

P—降雨；I_s—截流；Q_s—坡面流；Q_1—壤中流；Q_{gz}—深层地下水；
Q_{g2}—浅层地下水；Q_{g1}—地下基流；V_d—填洼量；E—蒸发；f—下渗

图 3-6 径流形成过程示意图

流域产流过程实际上就是降雨扣除损失的过程，城市流域产流亦然。降雨量扣除后的雨量就是净雨量。

2. 城市地区产流计算的特点

(1)城市管渠排水系统设计要求是短时间内迅速排除暴雨径流,排水工程规模受洪峰控制,由于形成洪峰的水量主要来自地表径流,设计洪水计算方法注重地表径流计算,简单处理甚至忽略地下径流。

(2)城市不透水面面积比例较大,由于城市排水系统设计标准不高,设计暴雨强度低,透水面面积上产生的地表径流很小,地表径流主要产生于不透水面面积。

3. 计算方法

城市地表建筑众多,不透水面面积比例高且透水区与不透水区纵横交织,使得城市地表产流较不均匀,情况复杂,而且城市地表不同下垫面种类、比例以及组合方式使城区内不同地表产流量和过程差异较大;城市地表产流计算中基本不考虑蒸发和地下径流,其计算方式同一般流域产流计算略有差别,现行主要计算方法包括以下几种。

1)径流系数法

流域径流系数是指同一流域面积、同一时段内径流量与降水量的比值,以小数或百分数表示。城市地表径流系数并非固定值,降雨初期,透水性地面的土壤含水量相对较低,土壤下渗能力较大,产流较少,实际径流系数较小,而随降雨进行,土壤含水量增大,实际径流系数逐渐增大,并最终趋于稳定;而对于不透水性地面,降雨初期部分雨水消耗于填洼,使得实际径流系数较小,随填洼结束,实际径流系数趋于定值。而对于较大尺度范围内,通常选用综合径流系数来计算城市产流状况,计算公式如下:

$$\varphi = \sum_{i=1}^{n} S_i \times \varphi_i / S \tag{3-5}$$

式中:φ 为区域综合径流系数;S_i 为单一地面种类面积,km^2;φ_i 为单一地面种类的径流数值;S 为所选区域面积,km^2;i 为地面种类序号。

2)蓄满产流法

流域部分产流的现象主要是流域各处蓄水容量不同所致,如果将流域内各点蓄水容量 S_w 从小到大排列,最大值为 S_{av},计算某一不大于某 S_w 的面积占流域面积的比重 α,则可绘制出 S_w—α 关系曲线,称之为流域蓄水容量曲线,如图 3-7 所示。

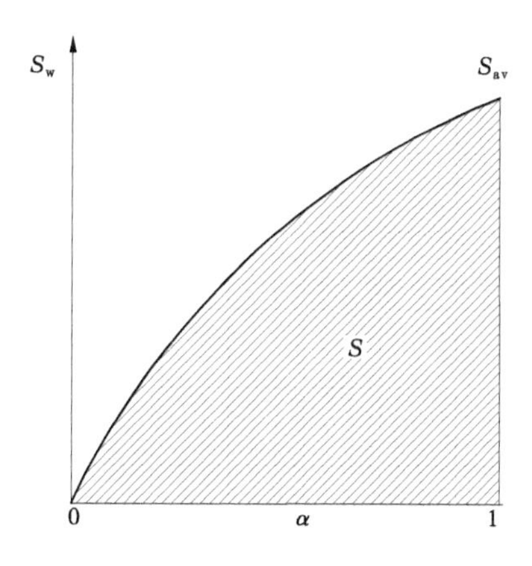

图 3-7　流域蓄水容量曲线

由于流域内的蓄水容量不均匀,可用蓄水容量面积分配曲线来表示,而分配曲线有两种类型:指数曲线和 n 次抛物线型。

指数型:

$$\alpha = 1 - e^{-S_w/S_{av}} \tag{3-6}$$

抛物线型:

$$\alpha = 1 - \left(1 - \frac{S_w}{(1+n) \times S_{av}}\right)^n \tag{3-7}$$

式中:S_w 为蓄水容量,mm;S_{av} 为计算产流区平均蓄水量,mm;α 为蓄水容量分配曲线中小于或等于某一蓄水容量的累积面积与计算产流区面积之比;n 为参数,取值范围为0.3~3.5,使用中多取2。

3)下渗曲线法

按照超渗产流模式,判别降雨是否产流的标准是雨强 i 是否超过下渗强度 f。因此,用实测的雨强过程 i—t 扣除实际下渗过程 f—t,就可得产流量过程 R— t,如图3-8所示的阴影部分。

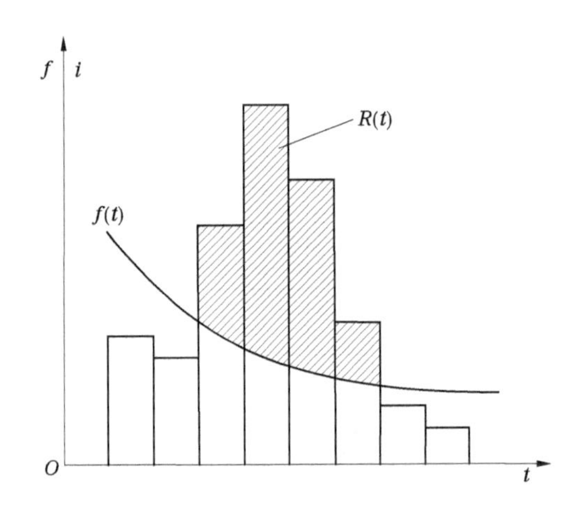

图3-8 下渗曲线法

下渗曲线法可用于小流域暴雨地面径流计算,并在城市透水区产流计算中普遍采用,其原理为通过计算降雨扣除集水区蒸发、植物截留、地面洼蓄和土壤下渗等损失后形成的水量作为地面产流,基本公式为

$$R = (i - f) \times t - D_0 - E \tag{3-8}$$

式中:R 为净雨量,mm;i 为降雨强度,mm/h;f 为下渗速率,mm/h;D_0 为地表洼蓄量,mm;E 为蒸发量,mm;t 为降雨历时,h。

式(3-8)中,降雨强度和下渗速率在产流计算中具有决定性作用,而洼蓄量和蒸发量一般较小,在城市暴雨计算中常常被忽略。在实际降雨径流过程中,流域初始土壤含水量一般不等于0,降雨强度并非持续大于下降强度,不能直接采用流域下渗能力曲线推求各时段的实际下渗率。如果将下渗能力曲线转化为下渗能力与土壤含水量的关系曲线,就可以通过土壤含水量推求各时段下渗强度了。

流域下渗能力曲线常用霍顿下渗公式表达，即

$$f_t = f_c + (f_0 - f_c) \times e^{-\beta t} \tag{3-9}$$

式中：f_t 为 t 时刻的下渗率，mm/h；f_c 为土壤稳定下渗率，f_{min}，mm/h；f_0 为初始下渗率，f_{max}，mm/h；β 为系数衰减系数，与土壤的物理性质有关，1/h。

4）初损后损法

初损后损法是下渗曲线法的一种简化，它把实际的下渗过程简化成初损和后损两个阶段。产流以前的总损失水量称为初损，以流域平均水深表示；后损主要是流域产流以后的下渗损失，以平均下渗率表示。一次降雨所形成的径流深为

$$R = P - I_0 - \bar{f} t_R - P_0 \tag{3-10}$$

式中：P 为次降雨量，mm；I_0 为初损，mm；$\bar{f}$ 为平均后渗率，mm/h；t_R 为产流历时，h；P_0 为降雨后期不产流的雨量，mm。

对于小流域，由于汇流时间短，出口断面的起涨点大致可以作为产流开始时刻，起涨点以前雨量的累积值可作为初损的近似值，如图3-9所示。对于较大的流域，流域各处至出口断面的汇流时间差别较大，可根据雨量站位置分析汇流时间并定出产流开始时刻，取各雨量站产流开始之前累积雨量的平均值，作为该次降雨的初损。

根据图3-9及式(3-10)可以推求得平均后损率：

$$\bar{f} = \frac{P - R - I_0 - P_0}{t_R} = \frac{P - R - I_0 - P_0}{t - t_0 - t'} \tag{3-11}$$

式中：t 为降雨总历时，h；t_0 为初损历时，h；t' 为后期不产流的降雨历时，h。

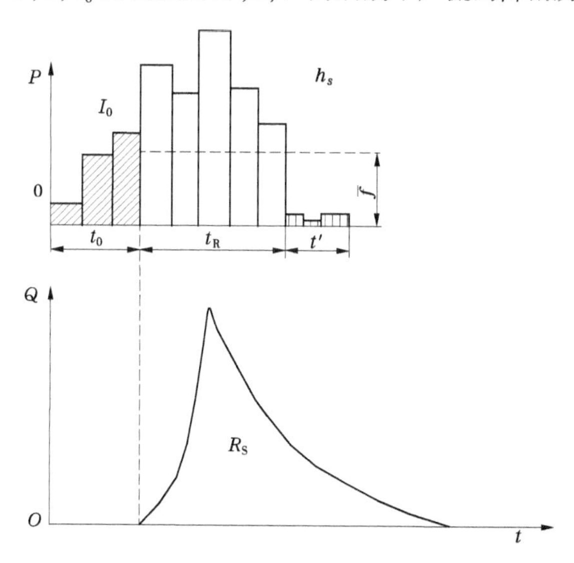

图3-9 初损后损法推求产流量示意图

3.2.3.2 汇流过程及计算

1. 汇流过程

降落在流域上的雨水，从流域各处向流域出口断面汇集的过程称为流域汇流。

2. 城市汇流特点

城市集水口流域是边界不明显的人工流域，与一般天然流域差别较大：汇水面积小、地表覆盖条件复杂、流域边界不明显、水文及水力条件复杂。

3. 计算方法

城市地表雨水汇流计算方法包括水动力学法和水文学方法。水动力学法是建立在微观物理定律（连续性方程和动量方程）的基础上直接求解简化的圣维南方程组，模拟坡面的汇流过程；水文学方法是建立在系统分析的基础上，把汇水流域当作一个黑箱或灰箱系统，建立输入与输出的关系，模拟坡面的汇流过程。

1) 等流时线法

流域各点的净雨到达出口断面所经历的时间，称为汇流时间；流域上最远点的净雨到达出口断面的汇流时间称为流域汇流时间。

当假定流域上各点流速为常数时，等流时实际上就是等流程。取等流时线间隔为 $\Delta\tau$，由流速 v 可算得等流时线间距 $\Delta L = v \cdot \Delta\tau$，用 ΔL 沿流向由出口断面向上游量取等流时段分段点，将面积分成若干等流时段，每个分段的集水面积就属于该分段的等流时面积，在划分集水面积时要注意流域支流之间的分水岭。在划分出各等流时河段的汇水面积后，等流时线也就绘成，如图 3-10 所示。

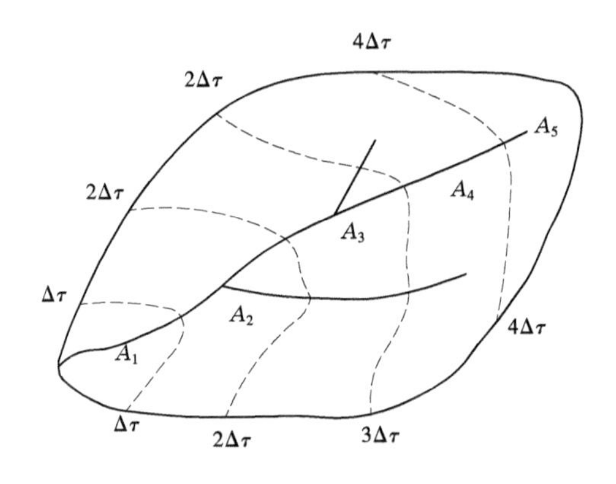

图 3-10　流域等流时线

径流成因公式是流量 Q_t 的连续型表达式，实用上常用离散型。

取净雨时段 Δt 等于等流时间隔 $\Delta\tau t$，求出各时段净雨（径流）量 $r_1, r_2, \cdots, r_n$，由 r_i 和 ΔA_i 便可计算出流过程（$i=1,2,\cdots,n$）。

首先观察第一块等流时面积 ΔA_1 上第一个时段净雨 r_1 形成的出流过程，如图 3-11 所示。在 ΔA_1 的出口处的第一滴净雨立即形成出口处流量，而在 ΔA_1 最远处的 r_1 中最后一滴雨，则要在两个 Δt 时间后到达出口处形成出口处流量，也就是说最远处的最后一滴雨和最近处最早一滴雨参加流量的时间相隔两个 Δt，或者说一块等流时面积上的一个时段净雨需要两个时段流出该等流时块，所形成的流量在第一个时段末应该最大，若假定整个流量过程为三角形，如图 3-11 所示，则根据全部流出的水等于全部净雨量有 $\frac{1}{2} \times 2 \times \Delta t Q_1 = r_1 \cdot \Delta A_1$

便可求出：$Q_1=\dfrac{r_1}{\Delta t}\Delta A_1$，令降雨强度 i_1 为 $\dfrac{r_1}{\Delta t}$，则 $Q_1=i_1\Delta A_1$，同理，r_1 在 ΔA_2 上形成的 ΔA_2 的出口处流量过程也是一个三角形，其峰值 $Q_2=\dfrac{r_1}{\Delta t}\Delta A_2$。

在假定流速为常数时，该流量过程传递到流域出口断面处不断发生变形，只是延迟一个时段。以此类推，便得 r_1 形成的流量过程。

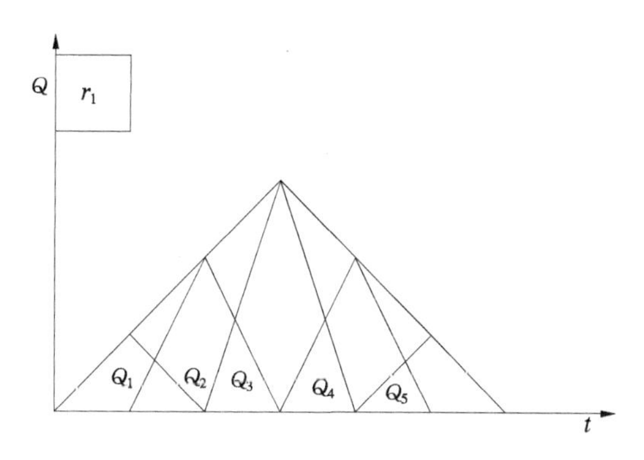

图 3-11　流量过程线

第二时段的净雨 r_2 产生的出流过程与 r_1 同样计算，仅在时间上较第一时段的滞后一时段。以此类推，便得几个时段净雨在 m 块等流时面积的出流过程。

2）时段单位线法

流域上一单位时段内均匀分布的单位净雨所形成的出口断面流量过程线，称为单位线。单位净雨常取 10 mm，单位时段则可任取，如 1 h、3 h 和 6 h 等。单位线通常以一系列离散的流量坐标值 q_i 表示，代表各时段末的流量。

可以设想，在流域上有一次均匀降雨所形成的净雨历时恰好是一个时段，净雨量恰好是一个单位，形成出口断面的流量过程线，即为该流域的单位线。对于一个线性系统可以得出两项基本假定。

倍比假定。如果单位时段内的净雨是单位净雨的 k 倍，所形成的流量过程线也是单位线纵坐标的 k 倍。

叠加假定。若干净雨历时是 m 个时段，所形成的流量过程线等于各时段净雨形成的部分流量过程错开时段的叠加值。

单位线需利用实测的降雨径流资料推求，一般选择时空分布较均匀、历时较短的降雨形成的单峰洪水来分析。根据地面净雨过程 h_t 及对应的地面净雨过程线 Q_t 推求，常用的方法有分析法和试错法。

分析法是根据已知的 h_t 和 Q_t，求解 q_t 的未知变量的线性方程组，即

$$\left.\begin{aligned}
Q_1 &= \frac{h_1}{10}q_1 \\
Q_2 &= \frac{h_1}{10}q_2 + \frac{h_2}{10}q_1 \\
Q_3 &= \frac{h_1}{10}q_3 + \frac{h_2}{10}q_2 + \frac{h_3}{10}q_1 \\
&\cdots
\end{aligned}\right\} \tag{3-12}$$

求解得：

$$\left.\begin{aligned}
q_1 &= \frac{10}{h_1}Q_1 \\
q_2 &= \left(Q_2 - \frac{h_1}{10}q_1\right)\frac{10}{h_1} \\
q_3 &= \left(Q_3 - \frac{h_2}{10}q_2 - \frac{h_3}{10}q_1\right)\frac{10}{h_1} \\
&\cdots
\end{aligned}\right\} \tag{3-13}$$

在计算过程中，推求出来的单位线的径流深必须满足 10 mm。若单位线时段以 h 计，流域面积以 km^2 计，则 $\sum_{i}^{n} q_i = \frac{10A}{3.6\Delta t}$。

3）瞬时单位线法

瞬时单位线是指无穷小时段内流域上均匀的单位净雨所形成的地面径流过程线。与时段单位线法的基本假定是相同的，其差别是单位时段以曲线图形表示，无穷小时段由曲线图形表示。瞬时单位线的纵标值常以 $u(0,t)$ 表示，若时段单位线时段长为 T 时，它的纵标值以 $u(T,t)$ 表示，两者的关系如下：

$$u(0,t) = \lim_{T \to 0} u(T,t) \tag{3-14}$$

在实际应用时，要将瞬时单位线转化成时段长为 T 的单位线，这种转化是借助 S 曲线来实现的。两者的关系为 $S(t) = \int_0^t u(0,t)\,\mathrm{d}t$ 或 $u(0,t) = \frac{\mathrm{d}S(t)}{\mathrm{d}t}$，即时段为 T 的单位线，相当于错开一个时段 T 的两根 S 曲线纵坐标的差值，即

$$u(T,t) = \frac{1}{T}[S(t)] - [S(t - T)] \tag{3-15}$$

纳希概化的流域模型是假定流域是由 n 个相同的线性水库串联而成的，出口断面的流量过程是由净雨经过 n 个水库调蓄的结果。纳希瞬时单位线的数学方程式为

$$u(0,t) = \frac{1}{K\gamma(n)}\left(\frac{t}{K}\right)^{n-1} \mathrm{e}^{-t/K} \tag{3-16}$$

式中：n 为水库数或调蓄系数；K 为分段内的传播时间；$\gamma(n)$ 为伽马函数；e 为自然对数的底。

3.2.3.3　城市雨洪产汇流计算的推理公式法

推理公式法在城市水文学中应用广泛，计算渐变且可以满足精度要求。在推理公式

导出过程中,如果流域上产流强度 r 在时间上和空间上为恒定的常数,则在 $\mathrm{d}t$ 时间内,流域面积 A 上形成的产流量 $\mathrm{d}w$ 也是常数,可写为

$$\frac{\mathrm{d}w}{\mathrm{d}t}=rA=0.278(i-\mu)A \tag{3-17}$$

式中:i 为暴雨强度,mm/h;μ 为损失强度,mm/h;$\frac{\mathrm{d}w}{\mathrm{d}t}$ 为单位时间的产流量,$\mathrm{m^3/s}$;A 为流域面积,$\mathrm{km^2}$。

在全流域面积上,单位时间的产流量并不能同时汇集流出。因此,在开始阶段,其产流历时小于流域最大汇流历时。流域上产流量分为两部分,一部分暂时滞蓄在流域的坡面上或河槽内,另一部分由流域出口断面处流出,出流量随着产流历时的增长而逐渐加大。在产流历时等于汇流历时时,单位时间的出流量等于产流量。其后,若产流强度保持为常数,则出流量 Q 不再继续增加,形成稳定的最大值 Q_{m},产流量和出流量两相平衡,即

$$Q_{\mathrm{m}}=\frac{\mathrm{d}w}{\mathrm{d}t}=rA=0.278(i-\mu)A \tag{3-18}$$

推理公式的结构十分简单,应用也很方便,特别是在无水文资料的地区。但公式要求产流强度必须是不变的,而实际降雨的产流过程又几乎不可能出现这种情况,因此限制了它的应用范围,这就决定了推理公式比较适用于推求设计暴雨所形成的设计洪峰流量,而不适于预报实际暴雨形成的洪水。

应用推理公式计算指定频率 P 的设计洪峰流量时,设计流域的面积 A 是确定不变的,洪峰流量与产流强度 r 成正比关系。在设计条件下,一般假定设计流域的产流强度 r 与暴雨强度 i 之比值 c(径流系数)为常数。因此,可由指定频率的设计暴雨强度 i_P,求得同一频率的设计洪蜂流量 Q_{mP}。而 i_P 与暴雨历时有关,所以必须事先确定设计暴雨历时 t。综上所述,计算设计洪峰流量的步骤如下。

1. 径流系数确定

在确定设计洪水的径流系数时,需要考虑的因素有不透水面面积百分比、土壤类型、降雨历时、降雨强度、流域形状,前期土壤含水量和流域坡度。在实际计算中,不可能也没有必要考虑上述全部因素,通常是从中选取一两个重要的因素作为依据来分析径流系数。例如,可用雨强来估算 C,并认为雨强增加时,径流系数也随着增大。因为在降雨满足一定的初损量后,下渗基本是稳定不变的,雨强增加必然导致径流量增加。

在城市集水区域,由于各处下垫面情况差异较大,径流系数也各自不同。使用公式时,一般采用按面积加权平均的径流系数,即

$$C=\sum_{i=1}^{m}\frac{A_i}{A}C_i=\sum_{i=1}^{m}a_iC_i \tag{3-19}$$

式中:A 为总集水面积;A_i 为各集水面积;C_i 为对应 A_i 的径流系数;a_i 为各块小集水面积 A_i 占总集水面积的权重系数。

2. 汇流时间的确定

汇流时间 τ 一般定义为水质点从流域最远点到达出口或设计点所需汇流时间。由于很难直接量测,所以一般都是通过分析雨洪过程线的一些特征间接估算。如可取从净雨

过程的中心至地表径流洪峰退水段转折点之间的时间作为 τ 。另外，也可取 τ 等于净雨终止点至地表径流终止点之间的时间。这两种分析方法都有一定的理论基础，不过求得的 τ 值往往相差较大；而且同一流域的不同次洪水，在同一次洪水不同时刻的汇流时间并非恒定的常数。因此，很难评价分析方法的优劣。对于无资料流域，一般根据影响 τ 的因素（如水流阻力、流域面积、坡度和水流等）来进行间接估算。

各汇流面积的流程可分为地面径流流程和地下管道流程两部分，应分别计算其流速及相应的汇流时间，其汇流时间 τ 为两部分之和，即

$$\tau = \tau_1 + m\tau_2 \tag{3-20}$$

式中：τ 为总汇流时间；τ_1 为地面汇水时间，min，视距离长短、地形坡度和地面铺盖情况而定，一般采用 5～15 min；m 为折减系数，暗管折减系数 $m=2$，明渠折减系数 $m=1.2$，在陡坡地区，暗管折减系数 $m=1.2\sim2$；τ_2 为管渠内雨水流行时间，min。

3. 设计暴雨平面雨强的确定

一般排水工程的设计标准是由有关规范规定的，根据工程规模和排水区的重要性选定设计频率 P。如前文所述，设计暴雨雨强可由当地的暴雨特性曲线来求得，即根据设计频率 P 和设计暴雨历时 t，查曲线得出雨强 i_P。也可利用当地的暴雨公式计算，即由频率 P 求得暴雨参数 S_P、n 和 t 一起代入公式求得雨强 i_P。

$$i_P = \frac{S_P}{t_n} \tag{3-21}$$

4. 各节点最大洪峰流量

排水管网洪水计算，一般是结合管网设计同时进行的，因为各节点排洪流量大小与管网布置、管径、坡度等因素相互联系。计算可由雨水井入口段开始逐段向下进行。求得各单元地表排水面积、径流系数及相应地表汇流时间的设计雨强，代入推理公式即可求得设计洪峰流量。

3.2.4 雨洪计算模型

城市雨洪模型主要有水文模型、水动力学模型两大类型。水文学模型采用系统分析的途径，把汇水区域当作一个黑箱或灰箱系统，建立输入与输出的关系。水动力模型是建立在微观物理定律（连续性方程和动量方程）的基础上，模拟坡面的汇流过程。

目前，城市雨洪模型较多，有 SWMM、InfoWorks、MOUSE、Mike、SCS、UNET 等模型，本次简单介绍 SWMM 和 MIKE 模型。

3.2.4.1 SWMM 模型

SWMM（Storm Water Management Model，暴雨洪水管理模型）是一个动态的降水-径流模拟模型，主要用于模拟城市某一单一降水事件或长期的水量和水质模拟。其径流模块部分综合处理各子流域所发生的降水、径流和污染负荷。其汇流模块部分则通过管网、渠道、蓄水和处理设施、水泵、调节闸等进行水量传输。该模型可以跟踪模拟不同时间步长任意时刻每个子流域所产生径流的水质和水量，以及每个管道和河道中水的流量、水深及水质等情况。SWMM 自 1971 年开发以来，已经经历过多次升级。在世界范围内广泛应用于城市地区的暴雨洪水、合流式下水道、排污管道以及其他排水系统的规划、分析和设计，

在其他非城市区域也有广泛的应用。当前最新版本是在以前版本基础上进行了全新升级的结果，可以在 Windows 操作系统下运行，提供了一个宽松的综合性环境，可以对研究区输入的数据进行编辑、模拟水文、水力和水质情况，并可以用多种形式对结果进行显示，包括对排水区域和系统输水路线进行彩色编码，提供结果的时间序列曲线和图表、坡面图以及统计频率的分析结果。

SWMM 作为一个分布式模型，主要用于地表径流量和管道径流量的计算，不仅可以连续而完整地模拟降雨径流产生和输移的过程，而且可以模拟分流和合流制排水管网以及自然排放系统的水量。与此同时，SWMM 也可以模拟城市地表径流污染的产生过程，以及排水管网和自然排放系统的水质。SWMM 的通用性较好，对市区和非市区均能进行准确的模拟；在具有地表信息和地下管道数据的情况下，既可对小流域进行模拟，也可对较大流域进行模拟。SWMM 具有较好的灵活性，数据输入的时间间隔可以是任意的。与其他模型相比，SWMM 的模拟结果与实测值更为接近，且模拟的径流量达到峰值所需的时间最短。

SWMM 的水文模块主要模拟地表径流的产流和汇流过程。其中，产流过程包括时变降雨、地表水蒸发、积雪及其融化、洼地存储等；汇流过程包括降雨入渗到非饱和土层、径流水渗透到地下水层、地下水与排水管道的水流交换、坡面汇流，以及使降水和径流量减少或延缓的各种微影响过程。

1. 地表径流的产流过程

通常是将研究区域分为若干个子流域，根据每个子流域的地表渗透性，将子流域划分为透水面面积、有洼蓄量的不透水面面积和无洼蓄量的不透水面面积；然后分别计算各个子流域的产流量；最后求和即为整体的地表产流量。其中，无洼蓄量的不透水地表产流量为降雨量与蒸发量的差值，有洼蓄量的不透水地表产流量为降雨量与洼蓄量的差值，透水地表产流量为降雨量与入渗量的差值，入渗量由下渗模型求得。可根据输出需要和输入参数的可获取程度选择 Horton 模型、Green -Ampt 模型或 SCS 径流曲线模型来模拟下渗过程。

2. 地表径流的汇流过程

地表径流的汇流过程是指将各排水子流域的净雨汇集到出水口控制断面或直接排入河道，可采用非线性水库模型模拟该过程。在该模型中，根据地表的渗透性将地表分为无洼蓄量的不透水地表、有洼蓄量的不透水地表和透水地表 3 种类型，而地表径流也由这 3 种类型的地面产生。

SWMM 的水力模块主要模拟径流和外部水流在管道、渠道、蓄水和处理单元、分水建筑物等中的流动，包括各种形状的封闭式管道和明渠管道中的水流，一些特殊部分如蓄水和处理单元、分流阀、水泵、堰和排水孔口等的水流，外部水流和水质的输入、汇流以及各种形式的水流如回水、逆流和溢流等。

(1)运动波模拟方法。运动波模拟方法采用连续方程和动量方程模拟各个管段的水流运动，其中动量方程假设水流的坡度和管道的坡度一致，管道可输移的最大流量由满管的曼宁公式计算。该模拟可选择是否进行节点调蓄的模拟方式，即超过管道容纳能力的水量或者从系统中损失，或者储存在管道末端的调蓄节点上，当管道内有容量可以输送时,水再重新流入管道。运动波方法可模拟管道内水流和面积随时间和空间变化的过程,但水流通过管道输送后,出水口处的流量过程线会稍有削弱和延迟,以至于不能计算管渠的滞水、回水和有压流,并且仅限于枝状管网的设计计算。步长一般采用 5~15 m,从而保证数值计算的稳定性。采用该法可进行精确有效的模拟计算,尤其适用于长期模拟。

(2)动力波模拟方法。动力波模拟方法可以描述管渠的调蓄、汇水、入流损失及出流损失、逆流和有压流。该法适用于描述受管道下游的出水堰或出水孔调控而导致水流受限的回水情况,必须采用小时间步长进行计算,以保持数值计算稳定。

3.2.4.2 MIKE 模型

MIKE 软件是由丹麦水力研究所(Danish Hydraulic Institute,简称 DHI)研究开发的,集降雨径流、地下水、河道乃至海洋,水体污染物物理、化学及生物模拟功能为一体的数学模拟软件。其主要的模块包括:MIKE11(一维模型)、MIKE21(二维模型)、MIKE3(三维模型)、MIKE BASIN(流域管理模型)、MIKE SHE(水文与地下水模型)、LITPACK(海岸线动力模型)、MIKE URBAN(城市给排水管网模型)、WEST(污水处理模型)等。

MIKE11 RR(降雨径流模块)中包含了众多的降雨径流模拟方法, NAM:集中型概念模型,可模拟坡面流、壤中流和基流及土壤含水量变化;UHM:单位水文线法,其中包含了一些降水损失估算方法,如恒定损失、比例损失和 SCS 法估算径流量;SMAP:逐月土壤湿度估算模型;Urban:包含了两种用于快速估算城市地区径流的计算方法,时间—面积法和非线性水库(运动波)法;FEH:洪水估算手册(在英国常用的一种方法);DRiFT:河道流量预报法,一种基于流域地形和沟渠系统信息的半分布式模型,径流演进采用 TUH(T 小时单位水文线)技术。

其中 NAM 这一模拟流域内的降雨径流过程的模块是可以单独使用的,也可以用于计算一个或多个产流区,产生的径流作为旁侧入流进入到 MIKE11 水动力(HD)模型的河网中。采用这种方法,可以在同一模型框架内处理单个或众多汇流区和复杂河网的大型流域。NAM 模拟的水文过程如图 3-12 所示。

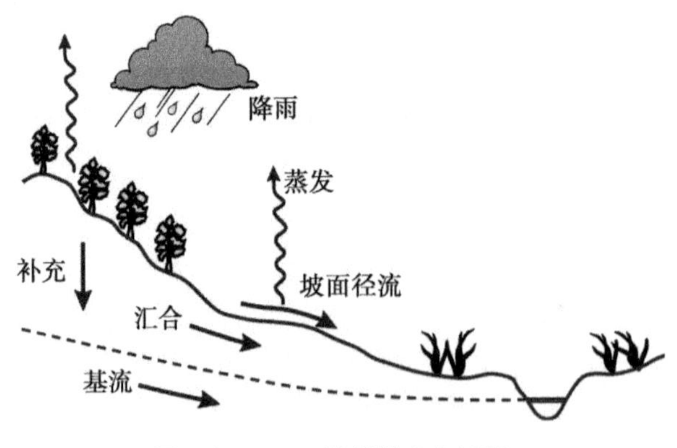

图 3-12　NAM 模拟的水文过程

降雨径流模型所需的输入数据包括气象数据和流量数据(用于模型率定和验证)、流域参数和初始条件。基本的气象数据有降雨时间序列、潜蒸发时间序列。如果要模拟积雪和融雪,则还需要温度和太阳辐射时间序列。模型计算结果信息包括各汇水区的地表径流时间序列(可细化为坡面流、壤中流和基流)以及其他水文循环单元中的信息,如土壤含水量和地下水补给。

NAM模型通过连续计算四个不同且相互影响的储水层的含水量来模拟产汇流过程，这几个储水层代表了流域内不同的物理单元。这些储水层是分别为积雪储水层、地表储水层、土壤或植物根区储水层和地下水储水层。另外，NAM还允许模拟人工干预措施，如灌溉和抽取地下水。粤港澳大湾区地处亚热带沿海，属海洋性亚热带季风气候，以温暖多雨、光热充足、夏季长、霜期短为特征，因此无须考虑积雪储水层。

1. 地表储水层

当地表储水量大于地表最大储水量时（$U > U_{max}$），净雨量 P_N 多余部分中的一部分下渗，另一部分变成坡面流。假定坡面流与 P_N 成正比，且随根区储水层中相对土壤含水量，L/L_{max} 线性变化，则

$$QOF = \begin{cases} CQOF \dfrac{L/L_{max} - TOF}{1 - TOF} P_N & (L/L_{max} > TOF) \\ 0 & (L/L_{max} \leqslant TOF) \end{cases} \tag{3-22}$$

式中：QOF 为坡面流；$CQOF$ 为坡面流系数，取值为0~1；L 为根区含水量，mm；L_{max} 为根区最大含水量，mm；TOF 为生成坡面流的根区临界值，在0~1；P_N 为净降雨，mm/d。

假定，壤中流与地表储水量 U 成正比，且随根区储水层中相对土壤含水量 L/L_{max} 线性变化，则

$$QIF = \begin{cases} (CKIF)^{-1} \dfrac{L/L_{max} - TIF}{1 - TIF} U & (L/L_{max} > TIF) \\ 0 & (L/L_{max} \leqslant TIF) \end{cases} \tag{3-23}$$

式中：QIF 为壤中流；$CKIF$ 为壤中流排水常数，是一个时间常数，h；TIF 为壤中流根区阈值，为0~1；U 为地表储水层的含水量，mm。

2. 根区储水层

根区储水层位于地表储水层和地下水储水层之间。根区储水层含水量的变化与地表储水层坡面流和地下水交换密切相关。

$$\Delta L = (P_N - QOF) - G \tag{3-24}$$

式中：ΔL 为含水量变化；P_N 为壤净降雨；G 为地下水交换。

根区储水层如图3-13所示。

3. 地下储水层

地下储水层位于最下层。一般情况下，地下水位相对比较稳定，不宜发生改变。主要有两个因素引起地下水位的变化：其一，降水下渗补给；其二，形成基流，地下水供水。

$$G = \begin{cases} (P_N - QOF) \dfrac{L/L_{max} - TG}{1 - TG} & (L/L_{max} > TG) \\ 0 & (L/L_{max} \leqslant TG) \end{cases} \tag{3-25}$$

式中：P_N 为净降雨；QOF 为坡面流；L/L_{max} 为根区储水层土壤相对含水量；TG 为地下水补充根区阈值，0~1.0。

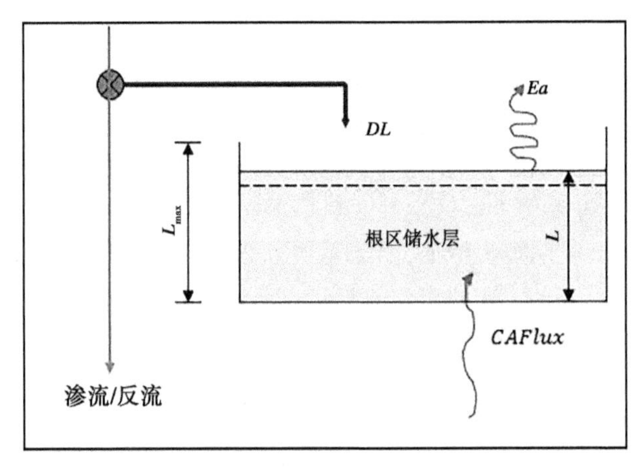

图 3-13　根区储水层

$$BF=\begin{cases}(GWLBF_0-GWL)S_y(CK_{BF})^{-1} & (GWL\leqslant GWLBF_0)\\ 0 & (GWL>GWLBF_0)\end{cases}\tag{3-26}$$

式中：GWL 为地下水埋深；$GWLBF_0$ 为基流产流临界水深；S_y 为基流产流系数；CK_{BF} 为基流时间常数，h。

4. 蒸散发计算

当地表储水层的含水量 U 大于潜在蒸发量 E_P 时，蒸发量 E 首先由地表储水层（U）提供。当 U 不足以满足潜在蒸发时，根区储水层将以一个实际的蒸发速率 E_a 补给地表蒸发。E_a 与根区含水量的饱和程度有关。

$$E=\begin{cases}E_P & (U\geqslant E_P)\\ U+E_a & (U<E_P)\end{cases}\tag{3-27}$$

$$E_a=(E_P-U)\frac{L}{L_{max}}\tag{3-28}$$

式中：E_P 为潜在蒸发量，mm；E_a 为根区补给的实际蒸发量，mm；U 为地表储水层的含水量，mm。

第 4 章　城市排涝与排水

城市内涝防治系统包括城市排水系统(小水系,主要由排水管网、排水泵站和雨水调蓄池组成)和城市排涝系统(大水系,由河道、蓄滞洪区、水闸、泵站组成),两者互为边界条件,排涝系统是排水系统的下游边界条件,排水系统是排涝系统的流量边界条件,而往往基础设施的设防水位是由排水系统和城市排涝系统综合作用的结果。

城市排水系统设计规模往往受短历时暴雨控制,城市排涝系统往往受长历时暴雨控制,排水系统和排涝系统在规划和工程设计阶段采用各自行业的暴雨成果及其流量计算方法,导致两者之间规模往往不匹配。因此,在论证城市重要基础设施设防水位时,必须同时考虑排水系统和排涝系统的共同作用及其之间的互馈影响,保证分析计算结果的合理性。

本章阐述的城市排水专指雨水排水,不涉及污水。

4.1　研究进展

近年来国内城市内涝频发,已成为社会关注问题,治理城市内涝涉及城市防洪、排涝及排水 3 种设计标准的关系,研究雨水管道设计和河涌设计规模制定之间的关系。目前,城市排水通常采用 2 级排水体系:一级排涝系统负责较大区域暴雨涝水及雨水管网汇集转输涝水的排出,属于水利排涝范畴;二级排水体系承担城市建成区域地面的雨水排出,属于市政排水范畴。前者体系内的河道、水闸、泵站规模论证时主要采用 3~24 h 的相应频率设计暴雨,发生标准内的暴雨时,城市不出现内涝灾害,河涌最高水位不超过控制水位;后者体系内的雨水管道、调蓄设施、雨水泵站等规模论证时主要采用 3 h 以内短历时相应设计频率暴雨,发生标准内降雨时,地面不应有明显积水。虽然水利排涝系统和市政排水系统涵盖了两个行业,采用的设计标准及规范各不相同,导致规模论证时采用的设计暴雨不相同,规模往往不匹配;但两个系统均为内涝防治系统,基于洪涝同源于流域暴雨,立足于整体观,应充分考虑两个系统规模之间的衔接,确保工程规模匹配,发挥系统合力。为此大批学者开展了一系列研究。

谢华等研究了河网地区城市一、二级排水标准的衔接关系,提出一级排水系统的设计暴雨必须以二级排水设计短历时降雨作为峰值雨量,提出了二者之间的重现期衔接关系。贾卫红、李琼芳通过分析上海市排涝标准和除涝标准之间的区别,提出了研究年最大 1 h 与年最大 24 h 雨量相容性关系的方法,建立了排水标准与除涝标准衔接的暴雨重现期关系。杨星、李朝方等认为城市管道排水和河道排涝存在组合设计的问题,组合设计的安全性可以用风险率表示。陈斌在深刻理解城市排涝与排水内涵的基础上,对两者的差异进行比较,通过二项式机制实现了“年超大值法”与“年最大值法”之间的频率转换,进而建立重现期的衔接关系。谢淑琴从设计暴雨、产流、汇流等几方面入手,分析了两种水文计算方法以及成果之间的差异，并由广州市的降雨资料，分别采用年多个样本法和年最大值法对设计暴雨进行分析，给出暴雨频率的转换关系。

在内涝治理过程中，市政部门往往会从提高排水管道设计标准和加大城市排水规划等方面着手，水利部门则往往从疏通河道湖泊、加高河岸等增加内河的调蓄能力着手。这些措施固然能够加快城市涝水的排涝，对解决城市内涝起到一定作用，但会将本来联系紧密的市政排水与水利排涝孤立对待，忽略了城市排水系统与排涝系统在实际暴雨产回流过程中"互为边界"的密切关系，未流域性、整体性、系统性看待城市内涝这个问题，不利于水利排水与市政排水系统之间的有效衔接。发达国家的城市排水体系大多为"双排水系统"，即有大、小排水系统。美国和澳大利亚标准体系明确了小暴雨排水系统和大暴雨排水系统控制标准，小排水系统一般针对城市常规降雨，通过雨水管梁系统收集排放，设计暴雨重现期一般为2~10年；大排水系统则主要针对城市的超常暴雨，由绿地、道路、调蓄水池及隧道等协同排除小排水系统无法转输的径流，设计暴雨重现期一般为50~100年。

然而，以上研究仅考虑设计暴雨组合的重现期、设计洪水、安全度或者风险率，未充分考虑排水和排涝系统自身行业标准，忽略两者之间的水量、水位等的内在联系，因此仍无办法评估其在各自体系下总体存在的风险，仍旧无法为排水、排涝工程规划、设计提供依据及技术支撑，为此国内外研发了众多城市降雨—径流模型。

4.1.1 国外研究进展

从20世纪70年代开始，城市内涝开始引起学者的关注，并且从不同的角度、视角、学科等方面对其进行研究，经过多年的努力与实践，研究成果为城市内涝治理提供技术支撑。随着计算的快速发展，学者们根据当地的实际情况研发一系列城市洪涝模型，这些模型软件的应用为计算分析城市内涝过程、实现水利排涝和市政排水体系衔接提供技术支撑。

SWMM模型是20世纪70年代由美国环保相关部门率先提出，联合大型私人公司以及高效研究人员共同开发研制的一套城市内涝灾害管理模型。该模型获得了广泛关注，其研究内容包括暴雨造成的城市地表产汇流、城市排水管网、泵站等基础设施的承受能力及调蓄设施、水体的调蓄能力等。

InfoWorks ICM模型是1978年由英国HR Wallingford公司研发的，具有高度的功能集成性，该模型可同时模拟城市区域水文、水动力（河道、管网）、水质过程。

MIKE系列模型软件是由丹麦水力研究所（DHI）研发的产品，目前该软件世界领先，功能涉及范围从降雨—产流—管网—河道—河口—近岸—深海，从一维到三维，从水动力到水环境和生态系统，从流域大范围水资源评估和管理的MIKE BASIN，到地下水与地表水联合的MIKE SHE，一维河网的MIKE11，城市供水系统的MIK ENET和城市排水系统的MIKE MOUSE，二维河口和地表水体的MIKE21，近海的沿岸流LITPACK，直到深海的三维MIKE3。目前MIKE系列软件在城市洪涝灾害模拟评估中应用广泛，其优点为模块齐全、前后处理功能完善，能够模拟各种现实场景。

另外，该类模型还有美国弗吉尼亚州科学研究所开发的EFDC模型；美国工程水文中心开发的河道水力计算程序 HEC-RAS,支持一维、二维水动力模拟计算,一维动床输沙模型,一维水质模型,还具备耦合水工建筑物(坝、堤、堰、涵管、桥梁等)的功能。国外主要城市洪涝模型见表 4-1。

表 4-1　国外主要城市洪涝模型

模型	模型特点	开发机构
SWMM	提供分布式水文模块、一维水动力模块、水质模块	美国环境保护局(EPA)
HEC-RAS	提供一维、二维水动力模块	美国陆军工程兵团水文工程中心
PCSSWMM	以 SWMM 为核心,提供前后处理模块	加拿大水力计算研究所(CHI)
LISFLOOD-FP	提供二维水动力模块	英国布里斯托大学
InfoWorks ICM	高集成性,功能全面,实现水文、水动力、水质耦合模拟,前后处理功能强大	英国 HR Wallingford
MIKE	包括 MIKE URBAN、MIKE FLOOD、MIKE21 等模块,功能齐全,广泛应用在各类项目中	丹麦水利研究所(DHI)
EFDC	提供水量水质模块,能模拟点源污染、面源污染、迁移等过程	美国弗吉尼亚州科学研究所
Delft3D	适合三维水动力水质模拟,可模拟河口、港口水动力	荷兰 Delft 大学
FLO-2D	提供二维水动力模块,一维计算内嵌 SWMM 模块	美国 FLO-2D 软件公司
DLOW-3D	提供三维水动力模块,适合分析三维流场	美国 Flow Science 公司

4.1.2　国内研究进展

FRAS 模型,是由中国水利水电科学研究院研发的洪涝仿真和洪水风险分析模型,该模型是以一维、二维非恒定流水力模型为基础,采用无结构不规则网络建模技术,在网格形心或特殊型节点处计算水位,在网格周边通道上计算单宽流量,对城市洪涝过程进行模型。

HydroInfo 模型,是由大连理工大学开发的计算复杂水流与输运问题的数值模拟软件。能真实准确地模拟环境水流的多种形态,一维、二维、三维模拟,到非恒定的水流、波浪、泥沙与输运等各相关领域。另外,该模型配备了方便灵活的前后处理功能及与其他工具软件的数据接口,便于用户的数据准备及丰富的数据提取与动画展示。

HydroMPM 模型,是由珠江水利科学研究院研发的水流、水质、泥沙等水动力及其伴生过程的数值计算模型,具有较强的前后处理功能。

GAST 模型,是由西安理工大学利用 Godunov 格式求解二维圣维南方程组研发的二维水动力模型,采用 GPU 并行计算技术加速,提高计算效率。国内主要城市洪涝模型见表 4-2。

表 4-2 国内主要城市洪涝模型

模型	特点	研发单位
FRAS	基于无结构网格进行差分,实现城市地面漫流和管网水动力的耦合	中国水利水电科学研究院
HydroInfo	准确地模拟环境水流的多种形态,一维、二维、三维模拟,到非恒定的水流、波浪、泥沙与输运	大连理工大学
HydroMPM	模拟水流、水质、泥沙等水动力及其伴生过程	珠江水利科学研究院
GAST	利用 Godunov 格式求解二维圣维南方程组研发的二维水动力模型	西安理工大学

4.2 城市排涝与排水的关系

城市排涝与排水是城市建设发展的一项重要工作,二者既有相同之处,又有不同之处。两者之间所管辖范围不同,降雨历时不同,产汇流理念和计算方法不同,两者之间的关系、工程规模如何衔接,还存在许多模糊认识。在现有的各自规范、规程下制定标准,并论证规模,实现各自所辖范围内的排水和排涝需求。

4.2.1 城市排水系统

城市排水是指城市的小排水系统,包括雨水箅、雨水管道、渠道、雨水泵站、出口等,其目的是快速收集城市地面雨水,通道过道、雨水泵站等排出,属于市政排水范畴。

城市排水工程服务对象主要为街道、小区、场区等小范围的城市开发地块,受超标准暴雨破坏后所造成的损失及影响范围较小,且在排水设施正常运行条件下(出口不受河涌水位顶托时),地面积水消退迅速,恢复正常生产、生活较快,并且超过雨水管渠排水能力的雨水可通过地面漫流、蓄滞设施、下凹绿地等用来排水或者暂存,因此城市排水工程设计重现期往往较低,仅用来排除常规降雨,城市雨水管渠设计重现期见表 4-3。

表 4-3　城市雨水管渠设计重现期　（单位：年）

城市类型	中心城区	非中心城区	中心城区重要地区	中心城区地下通道和下沉式广场
超大城市和特大城市	3~5	2~3	5~10	30~50
大城市	2~5	2~3	5~10	20~30
中等城市和小城市	2~3	2~3	3~5	10~20

城市排水管网在规划和设计阶段规模论证采用短历时设计暴雨，当集雨面积不大于 2 km^2 时，设计流量采用推理公式计算，见式(4-1)；当集雨面积大于 2 km^2 时，宜考虑降雨在时空分布的不均匀性和管网汇流过程，采用数学模型法计算雨水设计流量。

$$Q_s = q\psi F \tag{4-1}$$

式中：Q_s 为雨水设计流量，L/s；q 为设计暴雨强度，L/(s · hm^2)；ψ 为径流系数；F 为汇水面积，hm^2。

数学模型法可采用目前比较成熟的城市洪涝模型，例如 SWMM、MIKE URBAN 等。

城市排水工程设计阶段，径流系数应严格执行规划控制的综合径流系数，综合径流系数高于 0.7 的地区应采用渗透、调蓄等措施，减小径流系数。设计阶段径流系数按表 4-4 选取，汇水区域内的综合径流系数按用地类型的加权平均值计算，或者直接按照表 4-5 取值，并应核实地面种类的组成和比例。

表 4-4　不同用地类型径流系数

用地类型	径流系数
屋面、混凝土或沥青路面	0.85~0.95
大块石铺砌路面、沥青表面的各种碎石路面	0.55~0.65
级配碎石路面	0.40~0.50
干砌石或碎石路面	0.35~0.40
非铺砌土路面	0.25~0.35
公园或绿地	0.10~0.20

表 4-5　综合径流系数

区域情况	径流系数
城镇建筑密集区	0.60~0.70
城镇建筑较密集区	0.45~0.60
城镇建筑稀疏区	0.20~0.45

降雨强度采用相应历时、相应频率的降雨，根据《室外排水设计规范(2016 年版)》(GB 50014—2006)，具有 20 年以上自动雨量记录的地区，排水系统设计暴雨强度公式应采用年最大值法，并按照上述规范附录 A 的有关规定编制。目前，粤港澳大湾区城市广州、深圳、南海等已对当地暴雨强度公式按照年最大值法进行了修订。

设计降雨历时采用式(4-2)进行分析计算。

$$t = t_1 + t_2 \tag{4-2}$$

式中：t 为降雨历时，min；t_1 为地面集水时间，min，应根据汇水距离、地面坡度和地面类型；

计算确定,一般采用 5~15 min;t_2 为管渠内雨水流行时间,min。

设计降雨强度采用当地暴雨强度公式,依据各管道的产汇流历时[由式(4-1)计算得到],计算相应频率的降雨强度。

4.2.2 城市排涝系统

城市排涝是在农田排涝的基础上发展而来,主要承担较大区域暴雨涝水以及市政雨水管网所汇集的涝水排除,属于传统的农田排涝范畴。城市排涝包括河道、湖泊、坑塘、河口泵站、水闸等,其目的是将汇入河道的山洪、雨水管渠、雨水泵站等汇入且超过正常蓄水位的多余的水量排出系统。

城市排涝系统服务于城市较大片区,建设侧重于河道、湖泊、排涝泵站等的建设,目标是排出整个流域或城市片区的涝水。由于河道汇流区域较大,规划设计往往采用长历时降雨进行规模论证,这类工程往往是面对整个流域或者城市,受到超标准暴雨时,对城市的经济、人民财产安全造成较大的影响,短时间内难以恢复,因此其设计标准较高。

根据《治涝标准》(SL 723—2016),城市排涝指承接市政排水系统排出涝水的区域的标准,即市政排水进入水利排涝沟渠、河道、水闸、泵站前池及湖泊等具有调蓄容积的区域后,再由水利排涝系统将城市涝水、上游山区洪水、周边农田涝水等排入承泄区。城市排涝设计暴雨重现期见表 4-6。

表 4-6 城市排涝设计暴雨重现期

重要性	常住人口(万人)	当量经济规模(万人)	设计暴雨重现期(年)
特别重要	≥150	≥300	≥20
重要	<150,≥20	<300,≥40	20~10
一般	<20	<40	10

注:当量经济规模为城市涝区人均 GDP 指数与常住人口的乘积,人均 GDP 指数为城市涝区人均 GDP 与同期全国人均 GDP 的比值。

城市排涝受影响因素多,受城市建成区地面高程、排水管道出口高程等限制因素,往往半山半城的河道宜采用数学模型法计算,产汇流多采用综合单位线、推理工程等计算入河洪水过程。

4.2.3 城市内涝防治系统

内涝防治系统指防治和应对城镇内涝的工程性设施和非工程性措施以一定的方式组合成的总体,包括雨水渗透、收集、输送、调蓄、行泄、处理和利用的天然和人工设施以及管理措施等。

城市内涝防治系统包含雨水管渠、坡地、道路、河道和调蓄设施等所有雨水径流可能流经的地区。城市内涝防治系统是城市排水与排涝的综合,城市排水系统负责收集和输送雨水,处于系统的最前端;城市排涝系统负责调蓄其承接的排水系统涝水,具有一定的调蓄作用和抵御短历时暴雨的能力,处于系统的末端。内涝防治系统、排涝系统及排水系统之间的关系见图 4-1。

随着城市化步伐的日益加快,原有河道、沟渠等逐渐纳入城市区域,水利排涝与市政

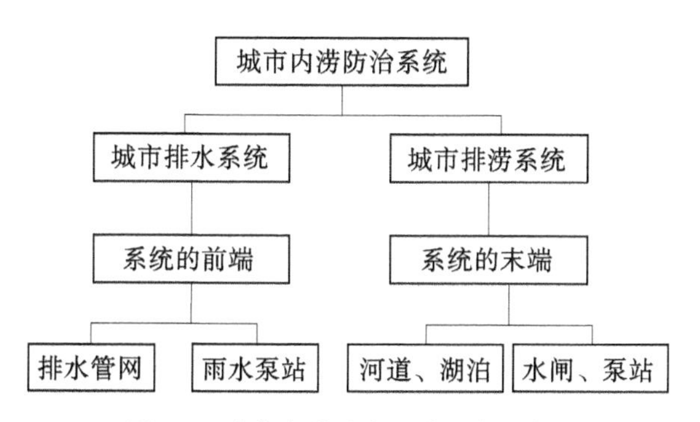

图 4-1　城市内涝防治系统组成示意图

排水的界限日益模糊，两者的关系日渐紧密，然而水利排涝和市政排水系统同属于内涝防治系统，其主要目的是将降雨期间的地面积水控制在可接受的范围，用以规划和指导内涝防治设施的设计；运用时应根据当地历史数据合理确定用于校核的降雨历时及该时段内的降雨量分布情况，有条件的区宜采用数学模型计算。如校核结果不符合要求，应调整设计，包括方法管径、增设渗透设施、建设调蓄段、调蓄池增加河道断面等。

根据《室外排水设计规范（2016 年版）》（GB 50014—2006），城市内涝防治系统设计重现期应根据城镇类型、积水影响程度和内河水位变化等因素，经技术经济比较后确定。城市内涝防治设计重现期见表 4-7。

表 4-7　城市内涝防治设计重现期

城镇类型	重现期（年）	地面积水设计标准
超大城市	100	1. 居民住宅和工商业建筑物的底层不进水； 2. 道路中一条车道的积水深度不超过 15 cm
特大城市	50～100	
大城市	30～50	
中等城市和小城市	20～30	

当进行内涝防治设计重现期校核时，既需要考虑城市排水系统，又需要考虑城市排涝系统，应采用长历时降雨，既考虑降雨过程的峰值，又考虑降雨量。

综上所述，城市排水与排涝标准的内涵不一致，城市排水计算方案与排涝水文计算方法、有关规定差别较大，但其同属于内涝防治系统，具有明显的上下游关系。

4.3　排水与排涝分区

城市排涝与排水都是要把城市暴雨产生的径流排放到江河湖海中，城市排涝是解决较大汇流面积上较长历时暴雨产生的涝水排放问题，排涝多由水利部门主管，在考虑河、湖等滞蓄量因素后的蓄排计算中，对城市低洼地带，次要区域和郊区允许有一定的耐淹水深和耐淹历时，对城市重要区域一般不允许涝水淹没。城市排水是解决较小汇流面积上短历时暴雨产生的排水问题，排水一般由城建部门主管。城市排涝与排水关系又非常密切，小区雨水管进入雨水干管、内河和排水沟渠，与山坡、河涌等其他区域来水汇合后排入江河湖海。城市排涝和排水系统在规划和设计阶段,均需要根据各自的规范划分集雨分区,据此来分析论证排水与排涝工程的规模,进而进行规划和设计工程。

4.3.1 排水分区

在城市排水系统中,地面高程分布、建筑物、构筑物、河涌、沟渠和道路将城市分成一个个排水分区,或者称为集水渠或汇水区。排水分区是城市降雨产汇流的基本单位,是城市雨水管网、泵站、调蓄设施等规模计算分析的基础,排水分区内的渗透、蓄滞、汇流、排放。根据排水分区的面积、形状、地面高程,估算分区产汇流历时,由当地暴雨强度公式计算降雨强度,再由推理工程计算流量,确定管网、泵站和调蓄设施的规模。

在实际中,排水分区划分应随地形、城市竖向规划、河流等条件综合确实。管网布置原则为充分利用地形,就近排入水体,多采用正交式布置,使雨水管渠尽量以最短的距离重力排入附近的河涌、湖泊等水体中,雨水管道正交式布置见图 4-2。当地势向河流方向有较大的坡度时,为避免管道内水流速度多大,长时间对管道冲刷造成破坏,采用平行式布置雨水管道,雨水管道平行式布置见图 4-3。当地形向河道高差很大的区域,且河道两岸处地面高程较低,且低于河道常水位时,应采用高低水分排,高水区的雨水管道在合适的堤防直接排水河涌,低水区域采用雨水管道收集,集中抽排至河涌,雨水管道分区式布置见图 4-4。

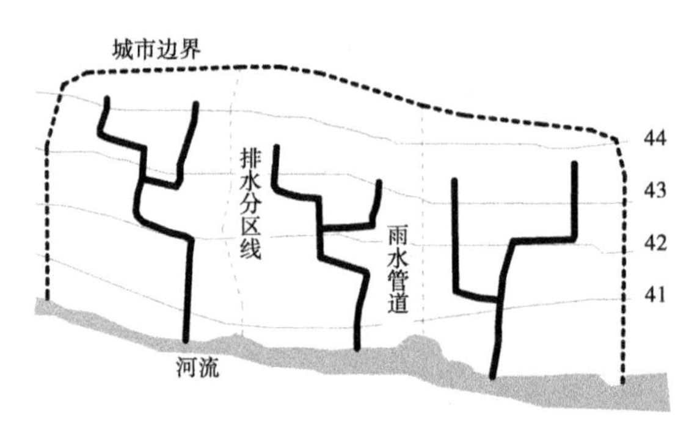

图 4-2　雨水管道正交式布置示意图

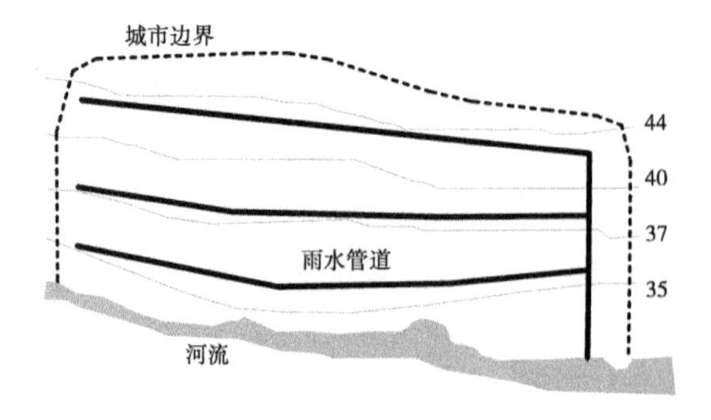

图 4-3　雨水管道平行式布置示意图

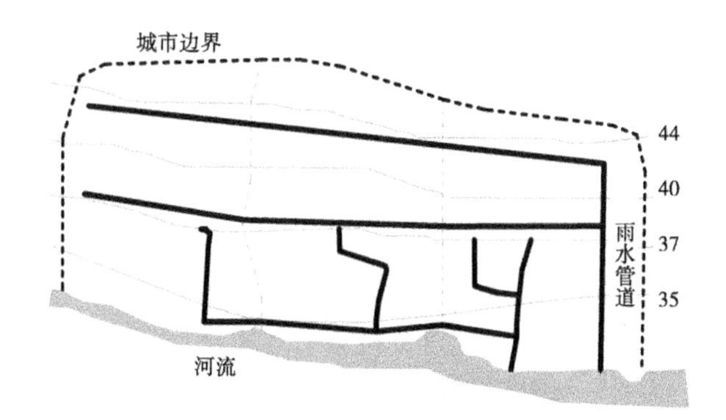

图 4-4　雨水管道分区式布置示意图

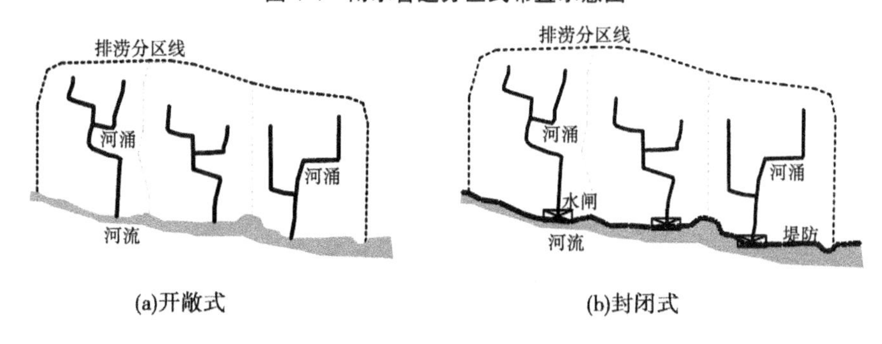

(a)开敞式　　(b)封闭式

图 4-5　排涝分区形式示意图

4.3.2　排涝分区

为了整体上、系统分析片区内涝存在的问题，便于系统治理，城市排涝分区的划分应与城市防洪排涝规划、水系布局协调一致，充分考虑流域的整体性。

根据排涝分区与外围江河湖海的关系，可分为封闭式和开敞式两种，见图 4-5。封闭式排涝分区，一般由水闸泵站、堤防等隔开；开敞式排涝分区，分区内的河涌、管网直接与外围江河湖海连通。开敞式的排涝分区一般在外围水系的洪(潮)水位较低，对分区内的河涌、管网排涝基本不顶托的条件下应用；封闭式的排涝分区适用于外围水系的洪(潮)水位较高，甚至高于分区的地面高程，水位顶托影响河涌、管网排水，甚至倒灌，见图 4-6。

排涝分区主要参考流域地形及水系进行划分，城市排涝分区是在城市总体规划时，按照地形的实际分水线，并结合城市水系调整来划分。排涝分区的集雨面积往往比较大，每个排涝分区内包含若干排水分区，每个排涝分区应能进行独立的水量平衡计算。城市流域范围内总体上划分为若干排涝分区，排涝分区整体上与城市地形及河流水系吻合。

4.3.3　排水与排涝分区的划分

城市中，雨水径流除部分直接流入河涌、湖泊外，大部分雨水通过雨水口、雨水管道间接进入河涌、湖泊。在进行雨水管道规划、设计时，通常采用满管无压流进行计算，雨水管道相当于城市内一条条小型的输水河道，只是这些“河道”是人为设计的，较容易改变其平面分布及其汇流特性等要素，城市雨水产汇流时间更小，是一种特殊类型。因此，排水

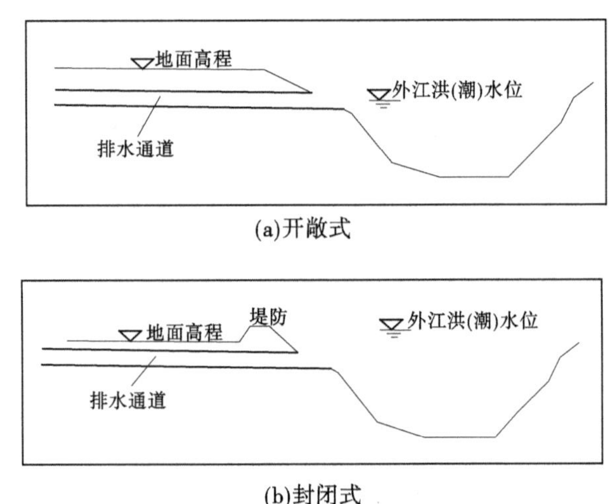

(a)开敞式

(b)封闭式

图 4-6 排水分区适应条件示意图

分区可定义为:在城市范围内,以城市道路、分水岭、雨水管道集水口为界,以排放城市内雨水径流为目的,由人造输水设施构成的相对独立的汇水区域。

排涝分区是以完整的汇流流域为分析对象,其包含若干排水分区及山区汇水区,其划分主要以流域 DEM 为基础,适当考虑其与外围河道的关系,进行划分,定义为:在流域范围内,以分水岭、排水分区、河涌出口为界,以接收、调蓄、排放流域内雨水径流为目的相对独立的汇水区域。

利用 GIS 并集合河涌水系图进行排涝分区自动划分,城市排水分区以地形作为划分主要因素,以河道、行政区界、雨水管网以及分水线等为界限划分排涝分区以及排水分区。

本次以某排涝片区为例,按照"自大到小,逐步递进"的原则,排涝分区与排水分区的划分,分为三个渐进的层次:城市雨水流域汇水区、城市雨水出水口汇水区和城市雨水管段汇水区。城市雨水流域汇水区是城市总体规划或工厂总体布置时,按地形的实际分水线划分的排水流域,它是把地形作为主要因素,以分水线、汇流网络为界限划分的第一级汇水区域。城市雨水流域汇水区通常情况下面积比较大,每个汇水区内的雨水都将流入某段河流。城市雨水流域汇水区从总体上将城市划分为若干排水流域,反映雨水的总体流向,该汇水区与城市流域的地形分割基本吻合。

采用流域地形自动分割方法,结合基于 GIS 的城市雨水管网达标系统实现城市雨水汇水区域的自动划分。首先选取一个排涝片区,利用 GIS 工作将 DEM 与水系叠加进行计算,生成新的格网 DEM;将洼地点高程升高(填洼),将填洼处理过的格网 DEM 生成流向图。针对流向图在 GIS 中设置合理参数,提取一级汇流网格,划分出该片区二级排涝分区,并对每个二级排涝分区进行编码命名,排涝分区如图 4-7 所示。

根据排涝分区的划分对该片区排水分区进一步划分,每个排涝分区由一个或者多个排水分区组成,主要根据局部地形、城市雨水管网等来划分出更精确的汇水区,并对每个二级排涝分区下的排水分区进行编码命名,排水分区如图 4-8 所示。

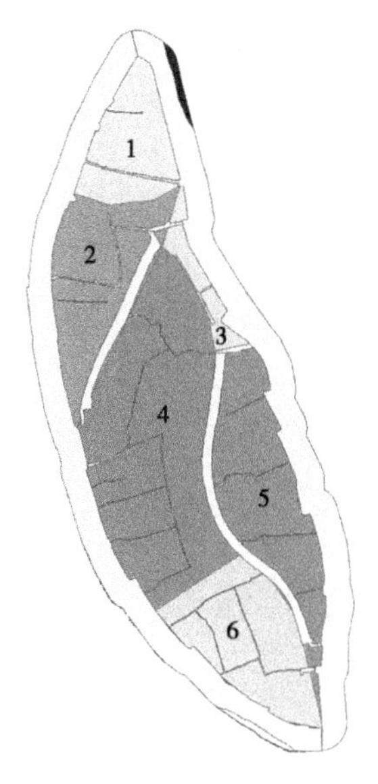

图 4-7　排涝分区示意图

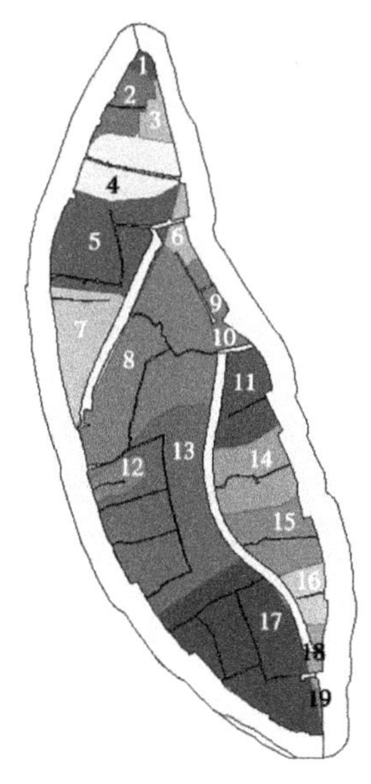

图 4-8　排水分区示意图

4.3.4　排水与排涝分区的关系

排水分区集雨面积相对较小，是完整独立的排水单元，是排水规划、设计的基础，是排涝分区的子集；排涝分区集雨面积相对较大，是完整独立的排涝单位，是排涝规划、工程设计的基础，是内涝防治系统的一部分，一个排涝分区由若干个排水分区组成。

城市内涝防治系统分为 3 个层次，即排水系统—排涝系统—内涝防治系统。排水系统是最小的单元，主要有源头减排系统、雨水管渠输送系统；排涝系统主要由河涌、湖泊、水闸和泵站组成，是中间较大的单元；内涝防治系统视具体情况，可由单一的排涝分区或者若干排涝分区系统组成，其关系见图 4-9。

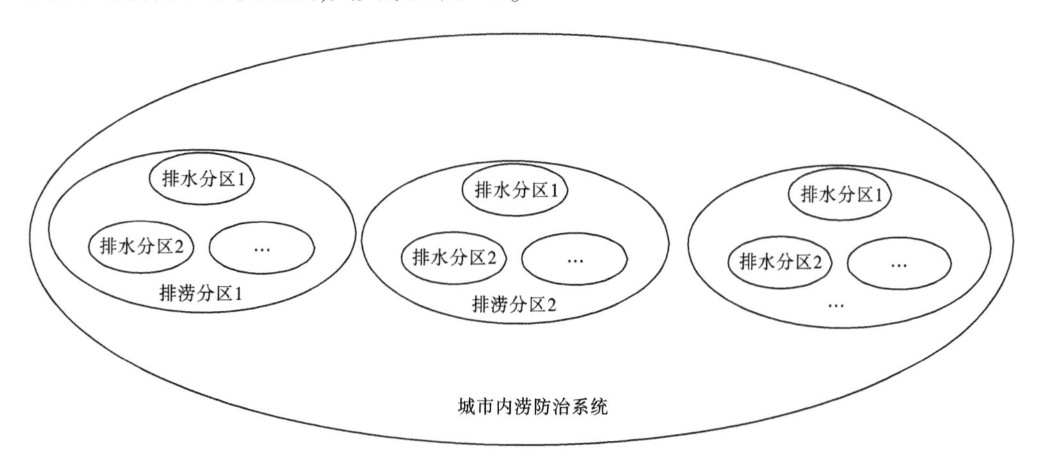

图 4-9　排水、排涝分区关系图

排水分区主要决定了雨水径流的来水过程，主要强调城市建成区雨水的汇流、转输过程,其排水模式主要由地面高程、河涌控制水位等因素决定;排涝分区主要决定了雨水径流的排放过程,通过内河涌的输送、调蓄、雨水管网的汇流过程,通过水闸、泵站统一调度排出。

排水分区与排涝分区共存于一个系统中,相互关联、相互制约、相互影响,如排水分区位于排涝分区的上游,排水分区的雨水汇入排涝分区的河涌,排涝分区的河涌水位影响排水分区的管网排水,而排水分区管网雨水排水过快,导致河涌水位快速上升,进而又对管道排水造成顶托。

综上分析可知,城市内涝防治系统是一个复杂的系统,合理布局排水分区、排涝分区,综合分析论证三者之间的规模,做到其有效衔接,是解决城市内涝的基础和根本。

4.4 排水与排涝标准之间的关系

排水系统的标准由住建部颁布,排涝系统标准由水利部门颁布,两者自成体系,无法直接通过标准进行衔接。过去暴雨强度公式编制采用年多个样本的选样方法,降雨历时采用 3 h 以内的短历时,排涝工程的暴雨成果采用年最大值法,降雨历时采用 24 h 长历时。由于两者管理部门不同,在过去规划、工程设计过程中,未充分考虑排水和排涝系统互为边界的情况,如排涝系统的河涌水位是排涝系统出口的水位,直接影响管网过流能力;管道出流量是排涝系统的来水,来水快慢、多少直接影响河涌水位,导致两个系统之间的标准无法匹配。

根据《室外排水设计规范(2016 年版)》(GB 50014—2006),具有 20 年以上自动雨量记录的地区,排水系统设计暴雨强度公式应采用年最大值法编制;随着各地市自动雨量观测数据增加,大部分已满足该规范要求 20 年以上的降雨数据,目前国内已有部分城市采用年最大值法对暴雨强度公式进行了修编,市政排水与水利排涝设计暴雨成果均采用年最大值法,统一了样本选样方法,避免了选样方法不一致造成的误差。

根据《室外排水设计规范(2016 版)》(GB 50014—2006)规定,排涝管网设计标准一般采用 2~3 年,重要干道、重要地区或短期内积水可能引起较严重后果的地区,一般采用 3~5 年。降雨历时一般采用 5~120 min。排水管网规模采用相应标准、相应降雨历时下的暴雨,计算管道设计流量,以此作为管道设计的规模,发生标准内的降雨时,地面无积水。

根据《治涝标准》(SL 723—2016)规定,城市涝区的设计重现期应根据其政治经济地位的重要性、常住人口或当量经济规模指标确定,遭受涝灾后损失严重及影响较大的城市,其治涝标准中的设计暴雨重现期可适当提高;涝灾损失和影响较大的城市,其设计暴雨重现期可适当降低。特别重要城市涝区设计暴雨重现期不小于 20 年;重要城市涝区设计暴雨重现期采用 10~20 年;一般城市涝区设计暴雨重现期采用 10 年。

排水管网设计流量计算时,采用极限强度理论作为基础,认为全汇水区域产流时,流量最大,多采用 5~120 min 的平均降雨作为控制。排涝工程设计流量或者规模论证时,采用推理公式和综合单位线法进行,降雨采用 24 h 降雨,以典型降雨或者衰减指数控制逐时段降雨过程,经河涌、湖泊调蓄计算。

综上所述，排水和排涝系统均为城市内涝防治系统，各自分别遵循不同的行业规范、隶属于不同的管理部门，自成体系，暴雨历时、产汇流计算、设计标准均不相同，如何保证两者之间的规模匹配，即能否满足发生同一场降雨条件下，城市不发生内涝。由于两者之间各成体系，谈论两者之间标准衔接问题，不能有效解决城市内涝，则有可能造成工程投资浪费，二应从流域整体出发，将排水和排涝系统当成一个有机的整体，采用同一场降雨对其规模进行论证。

第 5 章 排水与排涝系统衔接技术框架

城市排水与排涝是个系统工程,不应将两者割裂对待,往往城市排涝分区内的河涌还承担排除上游山洪的功能,因此排水与排涝系统的衔接必须从流域层面考虑,从降雨至流域出口全过程控制,从同一片流域、同一片天的系统整体观出发,按照天—地—管—河—江全方位进行衔接,技术框架如图 5-1 所示。

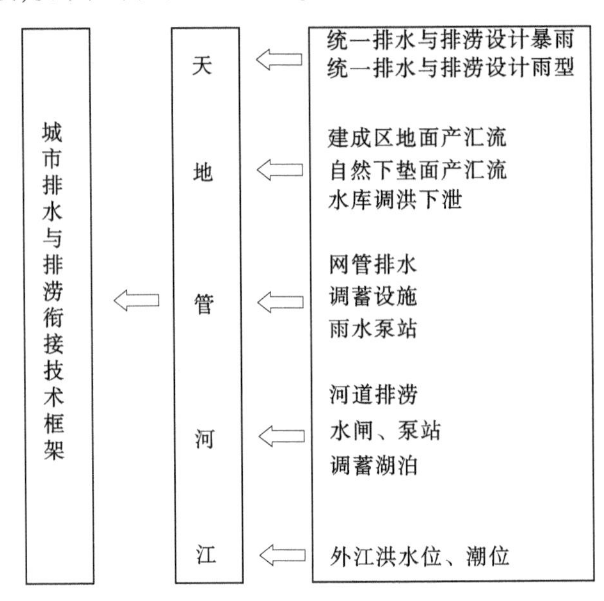

图 5-1 城市排水与排涝体系衔接技术框架

5.1 总体思路

城市排水与排涝系统互为边界,相互关联、相互制约、相互影响。排涝片区为独立汇水区域,其上下游、左右岸构成一个相互联系的有机整体,地面、管网、河道相互影响,互为边界。地面汇流过快、城市河流水位顶托等原因会引起市政排水系统排水不畅产生内涝,而排水系统排水快又会使河道水位迅速上涨,导致河涌排涝能力不足。城市排水和排涝是一个系统性工程,从流域整体构建天—地—管—河—江集一体的水文、水动力模型,全方位对两者进行衔接。

5.1.1 天:统一降雨过程

城市排水和排涝系统共同组成了城市内涝防治系统,两者均为城市内涝防治系统的有机组成部分,实际运行过程中,排水系统是排涝系统上游的流量边界,排涝系统是排水系统下游水位边界,两者相互关联、相互影响、相互制约、密不可分,两者之间的有效衔接是系统整体有效运行的关键。基于城市内涝防治系统的整体观及其排水和排涝的相互影响,城市水文计算过程中,设计雨型必须同时兼顾长历时降雨的量和短历时降雨的峰,统一市政排水与水利排涝设计降雨过程。

5.1.2 地:区分建成区与自然下垫面产流

粤港澳大湾区位于广东省中南部、珠江下游,濒临南海,是由珠江水系的西江、北江、东江及其支流潭江、绥江、增江带来的泥沙在珠江口河口湾内堆积而成的复合型三角洲,内有约20%的面积为星罗棋布的丘陵、台地和残丘,城市建设面积占比为14%,城市化程度高。西部、北部和东部则是丘陵山地环绕,形成天然屏障。南部海岸线长达1 059 km,形成相对闭合的“三面环山、一面临海”的独特地形地貌。

水文过程是气象与下垫面、人类活动共同作用的结果。城市化过程很大程度上改变了下垫面条件,使得径流量和洪峰流量增加、峰现时间提前。一方面,城市化建设使原有大量的农田、绿地等自然地貌被房屋建筑物、混凝土和沥青道路、广场、停车场等不透水面代替,导致雨水截留和下渗量减少,径流系数显著提高。另一方面,城市区域依靠坡面和管道相结合的方式进行排水,汇流速度加快,极大缩短了水流在地表的汇流历时和滞后时间,导致城市汇水区的洪水过程线变尖、变瘦,洪峰出现时间提前。据相关研究假设不透水面面积达到汇水区面积的20%,发生3年一遇以上降雨强度时,流量增幅可达50%~100%。因此,必须区分建成区和自然下垫面产流,采用相应的方法分别进行计算。

5.1.3 管:考虑管网汇流、调蓄设施和雨水泵站

目前,粤港澳大湾区城市群排水主要靠排水管网,管网设计采用的暴雨重现期为1~2年。以广州市为例,新城区排水管道按3年重现期设计,老城区83%左右排水管网重现期为1年。当暴雨强度超过设计规模时,地下管道无法及时将地面雨水排除,从而导致地表积水或漫流,局部低洼地区集水。以广州市猎德涌流域为例,第一,流域内大规模的城市建设,导致现状雨水径流量较以前大幅提高,在发生短历时强降雨时,导致地面产流增加,为城市规划时未充分考虑下垫面变化带来的雨水径流增加,且管网改造困难时,往往采取新建一定的调蓄设施来应对;第二,部分区域的路面雨水口存在数量不足、布置形式不合理等问题,加之道路垃圾引起的雨水口堵塞,路面积水无法及时汇入管网排水系统,导致管网排水能力未能得到充分发挥;第三,市政排水与水利排涝的水文边界未有效统一,管网排水口标高设置不尽合理,导致河涌水位顶托排水管甚至出现倒灌,为应对管网出口河涌水位顶托,一般采取增加雨水泵站措施予以解决。

因此,在城市重要基础内涝设防水位论证过程中,必须考虑管道排水,合理划分排水分区,充分分析调蓄设施对径流的调蓄作用及管网出口的雨水泵站的影响。

5.1.4 河:考虑河道行洪、水库调蓄及水闸、泵站调度

粤港澳大湾区特殊的地形特征,建成区河道综合交错,河道上游为丘陵、山区,河道比较大,受山洪影响,洪水陡涨陡落,增加了城区排涝、排水压力。流域上游往往建有水库,

对上游山区洪水起到了一定的调蓄作用,减小河道下泄流量,对下游城区的排涝、排水起到一定促进作用。另外,河道出口水闸、泵站的规模及其调度规则对河道控制具有关键作用。

因此,在城市重要基础内涝设防水位论证过程中,应充分考虑流域内水库、河道、水闸、泵站等水利工程,并依据其调度规模进行控制。

5.1.5 江:外江水位顶托加重城市洪涝的重要因素

大湾区城市地处珠江三角洲,受外江洪、潮威胁严重。以广州市市区为例,区域地势低洼,高程在 3.0 m 以下的面积为 582 km^2,占城区总面积的 40.3%;海珠区 80%的区域地面高程在 0.5~2.0 m,低于珠江多年平均高潮位。如强降雨遭遇外江天文大潮或风暴潮,外江高潮位顶托使得城市河道洪水不能及时排入外江,河道长时间维持高水位,排水管网排水能力大幅度下降。此外,外江潮位顶托之下,内河只能依靠泵站强排,极大降低了城市行洪排涝能力。

5.2 暴雨分析

任何一场暴雨均可采用降雨量和降雨历时两个基本数据来表示其降雨过程。暴雨分析的目的是通过对实测降雨资料进行统计分析,得出不同降雨历时、重现期和降雨量(降雨强度)之间的关系。

(1)降雨量:指降雨绝对量,即降雨深度。

(2)降雨历时:指连续降雨的时段,可以指一场降雨的全部时间,也可指其中个别的连续时段。

(3)降雨强度(量):指连续降雨时段内的平均降雨量(总雨量)。

设计雨型包括设计降雨历时、重现期、暴雨量、雨峰及其位置,是城市排水、防涝管理的基础,对产汇流及调蓄计算均有重要的影响。国外的雨型研究起步较早,已有较多研究成果,如雨型模糊识别法、芝加哥雨型、Pilgrim & Cordery 雨型、Huff 雨型、不对称三角形雨型及美国水土局的 SCS 雨型。国内的设计雨型研究起步较晚,主要集中在水文和城市规划领域,且不同研究领域对设计雨型选样、场次划分、场雨间隔时间、雨型方法的选择均有不同的理解和争议,王敏等对北京市的设计雨型进行了研究;岑国平等研究四种设计雨型并模拟其洪峰流量并进行对比分析,建议使用芝加哥雨型。王家祁选择多场实测降雨数据,提出"短推长"和"长包短"两种雨型方法;杨星等提出了风险率模式下的设计雨型,构建了深圳市逐时设计雨型;蒋明等利用上海市多年(1985~2012 年)降雨数据,采用芝加哥雨型等方法,构建上海市短历时设计雨型;俞露等以深圳市气象站 1963~2013 年逐分钟降雨数据为基础,分别采用芝加哥雨型和同频率法推求长、短设计雨型;朱勇等利用杭州市实测降雨,探讨了杭州市长、短历时设计雨型的选用方法,得出短历时设计雨型优先选用 P.C 法成果,长历时设计雨型建议采用同频率法成果;王才源等选取北京市 1941~2014 年实测降雨数据,采用同频率法得到北京市长历时设计暴雨雨型;李志元等以南方某城市为例,研究了 3 种雨型推求方法,并综合分析各方法的优缺点和适用范围:降雨资料充足时,选用同频率方法推求长历时雨型;降雨资料少时,建议选用 P.C 法推求短历时雨型;无资料时,选用模式雨型法推求短历时雨型；叶珊珊等采用同频率法、SCS法、暴雨衰减指数法和概率密度函数(PDF)法对宿迁市设计暴雨雨型进行研究，研究方法和结果对设计雨型推求提供了新思路。但这些设计雨型均是利用无因次化、集群分析，模糊聚类等数学统计方法得到，需要大量的基础降雨数据，且其成果具有明显的地域性，推广使用难度较大。

目前，已有研究均将长、短历时降雨分割开来，而忽略了降雨在时间上的整体性，也未与当地已有行业成果进行协调，往往导致长、短历时降雨不同频率。针对上述问题，本书以深圳市为例，充分利用现有市政、水利行业的设计雨型，采用同频率分析法，提出“大包小、长包短”的市政和水利设计雨型统一方法，为解决传统城市水文计算中市政与水利标准不衔接问题提供一条新途径。

5.2.1　暴雨的频率和重现期

设计暴雨频率在一定长的统计期间内，大于或等于某统计对象出现一次的概率；暴雨重现期指在一定长的统计期间内，大于或等于某统计对象出现一次的平均时间间隔。两者互为倒数的关系。

通常采用概率论与数理统计方法研究，通过对已发生的降雨事件进行数理统计分析，对未来的降雨做出估计，找出降雨事件发生的规律，作为排涝、排水工程设计和规划的依据。

特定暴雨强度的频率是指大于或等于该值的暴雨出现的次数 m 与观测资料总样本数 n 的比值，即 $P=\frac{m}{n}\times100\%$。特定暴雨重现期为其暴雨频率的倒数，即 $T=\frac{1}{P}$。

暴雨样本数 n 是降雨观测数据的年数 N 与每年入选的样本数 M 的乘积。假如，每年只选一个降雨样本(年最大值法)，则 $n=N$，称为年频率式。假如每年选入 M 个降雨样本(年多个样本法)，则 $n=N\times M$，称为次频率式。由此，可见频率小的暴雨出现可能性小，反之则大；重现期大的暴雨出现的时间间隔长，反之则短。

上述定义是建立在降雨样本资料无限长，可代表整个降雨的历史过程。实际中是不可能的，只能采用一定年限内有限的暴雨样本资料。因此，按照上述方法计算的暴雨频率或者重现期，仅能反映一定时期内的经验，不能反映整个降雨的规律，故称为经验频率。从计算公式来看，最小样本发生的概率为100%，显然是不合理的，无论实测样本资料多长，都不能代表整个降雨的历史过程，在现有实测资料中的最小值，不一定是整个降雨历史过程的最小值。因此，水文学中，年频率常采用公式 $P=\frac{m}{n+1}\times100\%$ 计算，次频率采用公式 $P=\frac{m}{NM+1}\times100\%$ 计算，实测降雨资料越长，经验频率的误差就越小。

根据《室外排水设计规范(2016年版)》(GB 50014—2006)，具有20年以上自动雨量记录的地区，排水系统设计暴雨强度公式应采用年最大值法，并按照上述规范附录A的有关规定编制。资料长度不足时，可采用年多个样本法。在自记雨量计记录纸上，按照降雨历时为5 min、10 min、15 min、20 min、30 min、45 min、60 min、90 min、120 min、150 min、180 min，采用年最大样本法每年选取一个最大样本，然后对样本系列进行由大到小排序；采用年多个样本法时，每年选取6～8个降雨样本，然后将暴雨样本不论年份从大到小进行排序,不论年份选择 3~4 倍的年数样本数。最后采用经验频率计算公式进行计算,重现期为频率的倒数,年最大样本法重现期为 $P=\frac{N+1}{m}$,年多个样本法重现期为 $P=\frac{NM+1}{mM}$。以粤港澳大湾区某雨量站的实测资料,10 min、1 h 实测降雨为例进行统计,见表 5-1。

表 5-1　10 min、1 h 降雨重现期统计

排序	10 min 降雨		1 h 降雨	
	降雨(mm)	重现期(年)	降雨(mm)	重现期(年)
1	31.5	37.0	99.0	37.0
2	30.4	18.5	79.8	18.5
3	29.7	12.3	78.4	12.3
4	27.0	9.3	76.5	9.3
5	26.2	7.4	76.0	7.4
6	26.0	6.2	74.3	6.2
7	25.5	5.3	74.0	5.3
8	24.0	4.6	73.5	4.6
9	24.0	4.1	72.9	4.1
10	23.6	3.7	72.3	3.7
11	23.0	3.4	70.7	3.4
12	22.5	3.1	69.1	3.1
13	22.0	2.8	68.5	2.8
14	22.0	2.6	68.1	2.6
15	21.9	2.5	64.0	2.5
16	21.8	2.3	61.4	2.3
17	21.3	2.2	60.2	2.2
18	21.2	2.1	59.0	2.1
19	21.0	1.9	57.5	1.9
20	20.9	1.9	56.2	1.9
21	20.7	1.8	55.4	1.8
22	19.5	1.7	55.1	1.7
23	19.5	1.6	54.2	1.6
24	19.2	1.5	53.8	1.5
25	18.5	1.5	52.5	1.5
26	17.5	1.4	51.3	1.4
27	17.5	1.4	51.0	1.4
28	17.5	1.3	50.1	1.3
29	17.4	1.3	48.3	1.3
30	16.4	1.2	45.0	1.2
31	15.6	1.2	41.7	1.2
32	14.5	1.2	40.5	1.2
33	13.9	1.1	39.4	1.1
34	13.8	1.1	33.4	1.1
35	13.0	1.1	32.7	1.1
36	11.1	1.0	31.5	1.0

水利排涝设计暴雨通常采用 24 h 设计暴雨，粤港澳大湾区设计暴雨采用《广东省暴雨参数等值线图》(2003 年，简称《等值线图》)与实测降雨排频成果进行对比分析。以粤港澳大湾区某雨量站的实测资料，24 h 雨为例进行统计，见表 5-2。

表 5-2　24 h 降雨重现期统计

排序	降雨(mm)	重现期(年)	排序	降雨(mm)	重现期(年)
1	503.1	37.0	19	165.6	1.9
2	358.8	18.5	20	161.0	1.9
3	312.0	12.3	21	158.8	1.8
4	276.0	9.3	22	143.0	1.7
5	259.0	7.4	23	137.2	1.6
6	250.5	6.2	24	135.9	1.5
7	242.9	5.3	25	135.0	1.5
8	229.1	4.6	26	131.5	1.4
9	220.2	4.1	27	128.8	1.4
10	217.1	3.7	28	127.0	1.3
11	207.8	3.4	29	126.7	1.3
12	196.2	3.1	30	122.9	1.2
13	180.5	2.8	31	118.5	1.2
14	179.7	2.6	32	115.5	1.2
15	178.0	2.5	33	110.0	1.1
16	174.1	2.3	34	104.3	1.1
17	170.5	2.2	35	87.0	1.1
18	168.3	2.1	36	84.4	1.0

5.2.2　设计暴雨分析

粤港澳大湾区地处珠江三角洲，属于广东省，目前已有设计暴雨成果主要有两个：①《广东省暴雨参数等值线图》；②各地市的设计暴雨强度公式。前者成果主要被水利部门采用，后者主要被市政部门采用。而往往在工程规划和设计阶段采用实测降雨进行对比分析，综合采用数值较大的成果。

本次计算分析以深圳市茅洲河流域为例进行展开说明，茅洲河流域位置及雨量站分布见图 5-2。本次收集到流域内石岩水库 1963~2018 年实测降雨数据，采用年最大值法，选取 1 h、6 h、24 h 时段降雨进行皮尔逊Ⅲ型适线，计算成果如表 5-3 所示。

图 5-2　茅洲河流域位置及雨量站分布

表 5-3　茅洲河流域实测降雨排频成果

统计参数($C_s/C_v=3.5$)			设计点雨量(mm)			
时段	均值(mm)	C_v	$P=0.5\%$	$P=1\%$	$P=2\%$	$P=5\%$
1 h	51	0.35	117	107	98	85.2
6 h	106	0.48	312	280	248	206
24 h	167	0.50	510	457	403	332

根据《广东省暴雨参数等值线图》,查算茅洲河流域中心点位置的最大 10 min、1 h、6 h、24 h、72 h 暴雨参数,分别计算各设计频率下设计暴雨,成果见表 5-4。

表 5-4　茅洲河流域《等值线图》设计暴雨成果

点暴雨统计参数($C_s/C_v=3.5$)			设计点雨量(mm)			
时段	均值(mm)	C_v	$P=0.5\%$	$P=1\%$	$P=2\%$	$P=5\%$
10 min	19.8	0.21	33.3	31.7	29.9	27.4
1 h	55	0.4	139	127	114	97.6
3 h	82	—	231	210	186	156
6 h	105	0.5	320	288	254	209
24 h	168	0.5	512	460	407	334
3 d	230	0.52	729	651	570	467

注:3 h 降雨采用雨力强度公式进行插值。

根据《深圳市暴雨强度公式及查算图表》(2015 年发布,简称《暴雨强度公式》),该成果由深圳市基本气象站 1961~2014 年共 54 年的实测降雨,按年最大值方法进行选取样本,采用 P-Ⅲ分布曲线拟合+最小二乘法成果拟合深圳市暴雨强度总、分公式,该公式适用于 1~180 min 历时,重现期为 2~100 年一遇的降雨强度。采用该公式计算得设计暴雨强度如表 5-5 所示。

表 5-5　茅洲河流域《暴雨强度公式》设计暴雨成果

时段	设计点雨量(mm)					
	P=1%	P=2%	P=5%	P=10%	P=20%	P=50%
10 min	35.0	32.2	28.4	25.5	22.6	18.9
1 h	107	98.4	86.8	78.0	69.3	57.7
2 h	153	140	124	111	98.7	82.2
3 h	186	171	150	135	120	100

综合对比上述三种成果,《等值线图》偏大,考虑到《等值线图》成果经省水文局在时空上协调、平衡,是一套具有可靠性、合理性与权威性的暴雨参数成果。从内涝水位论证及流域整体出发,茅洲河流域设计暴雨采用《等值线图》成果。

5.2.3　设计雨型

设计雨型指设计降雨在时间上的分配,描述一场降雨的过程,通常采用重现期(设计频率)、降雨历时、雨峰及其位置等几个参数,目前主要方法有典型降雨同频率缩放法、DIF 曲线法、无因次标准曲线法、历时降雨随机模型法等 4 种类型。为解决传统城市水文计算中市政与水利标准不衔接问题,根据国内外相关经验,从流域整体出发,遵循一片流域同一片天的理念,即降雨过程统一,长历时降雨涵盖短历时降雨,但应满足以下条件:

(1)设计暴雨量尽量与已有成果协调,保证相应历时设计暴雨成果基本一致。

(2)粤港澳大湾区城市排涝片区相对独立,且集雨面积相对较小,产回流历时基本在 3~24 h,一般不超过 24 h,因此设计雨型降雨历时采用 24 h 基本满足要求。

(3)降雨时程间隔应不大于市政排水管网设计降雨历时,根据《室外排水设计规范(2016 年版)》(GB 50014—2006),应根据汇水距离、地面坡度和地面类型计算确定,一般采用 5~15 min,因此降雨时程时间间隔选取 10 min 即可。

(4)设计降雨时程分配过程尽量与已有成果进行协调,并与之进行有效衔接。

为保证设计暴雨过程与《广东省暴雨参数等值线图》和《深圳市暴雨强度公式及查算图表》已有成果进行充分衔接,设计暴雨量采用较大《广东省暴雨参数等值线图》成果;24 h 设计雨型参考《广东省暴雨参数等值线图》中的设计雨型,见表 5-6,最后将新推求的设计雨型与该雨型的雨峰位置调整至同一时刻,然后再依据各时段设计暴雨对调整后的雨型进行归一化分时段控制,保证各历时降雨同频。

设计雨型选取深圳市降雨历时相对较大、较长的多场逐 10 min 降雨过程,雨峰位于表 5-6 中 24 h 逐时雨型确定雨峰发生时间为第 10 h 中间位置,即 9:20~9:30 时段,以各时段平均降雨作为该时段的降雨比例,见表 5-7。

表 5-6 茅洲河流域 24 h 逐时设计雨型

时程	1 h	2 h	3 h	4 h	5 h	6 h	7 h	8 h	9 h	10 h	11 h	12 h
占 H_1%										100		
占(H_6-H_1)%							13.7	20.9	24.8		21.9	18.7
占($H_{24}-H_6$)%	1.5	2.9	3.6	8.8	10.7	11.3						
时程	13 h	14 h	15 h	16 h	17 h	18 h	19 h	20 h	21 h	22 h	23 h	24 h
占 H_1%												
占(H_6-H_1)%												
占($H_{24}-H_6$)%	9.7	7.8	8.8	5.5	5.4	4.8	3.3	3.3	2.5	4.0	3.6	2.7

表 5-7 茅洲河逐 10 min 降雨比例过程

t=10 min	占 24 h 降雨比例(%)	t=10 min	占 24 h 降雨比例(%)	t=10 min	占 24 h 降雨比例(%)	t=10 min	占 24 h 降雨比例(%)
1	0.38	37	0.26	73	1.27	109	0.08
2	0.56	38	0.55	74	1.10	110	0.08
3	0.62	39	0.44	75	0.58	111	0.14
4	0.58	40	0.28	76	0.65	112	0.15
5	0.55	41	0.33	77	0.69	113	0.22
6	0.67	42	0.52	78	0.77	114	0.30
7	0.74	43	1.54	79	0.75	115	0.42
8	0.68	44	1.49	80	0.87	116	0.62
9	0.75	45	1.54	81	0.59	117	0.21
10	0.85	46	1.47	82	0.57	118	0.26
11	0.88	47	1.35	83	0.49	119	0.15
12	0.84	48	0.89	84	0.41	120	0.13
13	0.74	49	1.04	85	0.38	121	0.28
14	0.66	50	1.65	86	0.44	122	0.07
15	0.50	51	1.34	87	0.41	123	0.10
16	0.63	52	2.09	88	0.36	124	0.15
17	0.62	53	2.38	89	0.58	125	0.05
18	0.43	54	2.61	90	0.58	126	0.08
19	0.32	55	2.63	91	0.49	127	0.05
20	0.25	56	3.98	92	0.35	128	0.06

续表 5-7

t=10 min	占 24 h 降雨比例(%)	t=10 min	占 24 h 降雨比例(%)	t=10 min	占 24 h 降雨比例(%)	t=10 min	占 24 h 降雨比例(%)
21	0.25	57	6.80	93	0.22	129	0.06
22	0.19	58	4.59	94	0.15	130	0.12
23	0.39	59	3.37	95	0.20	131	0.10
24	0.33	60	2.34	96	0.36	132	0.07
25	0.39	61	2.13	97	0.57	133	0.07
26	0.43	62	1.80	98	0.17	134	0.06
27	0.13	63	1.52	99	0.11	135	0.10
28	0.14	64	1.28	100	0.08	136	0.11
29	0.26	65	1.10	101	0.09	137	0.07
30	0.37	66	1.20	102	0.09	138	0.06
31	0.73	67	1.12	103	0.11	139	0.12
32	0.65	68	0.93	104	0.18	140	0.07
33	0.45	69	0.85	105	0.45	141	0.17
34	0.45	70	0.96	106	0.23	142	0.24
35	0.50	71	1.03	107	0.38	143	0.17
36	0.25	72	1.13	108	0.18	144	0.22

如直接采用表 5-7 中的成果计算 10 min、1 h、6 h 降雨成果，见表 5-8。

表 5-8　由降雨比例推求各历时降雨成果

时段	等值线图			降雨比例推求		
	P=1%	P=2%	P=5%	P=1%	P=2%	P=5%
10 min	31.7	29.9	27.4	31.3	27.7	22.7
1 h	127	114	97.6	110	98	80
6 h	288	254	209	334	295	242
24 h	460	407	334	460	407	334

如表 5-8 所示，直接采用该降雨比例过程，会导致除 24 h 降雨量外，其余历时降雨量与长、短历时设计雨量不一致，即长、短历时降雨不同频。

因此本次规划在上述降雨比例过程的基础上，按照“长包短、大包小”同频率控制原则，确定各时段降雨比例，同时保证各历时降雨同频。具体计算按 10 min、1 h、6 h 分时段控制长短历时降雨量，然后确定各时段内 10 min 间隔降雨雨型。详细计算方法如下：

(1)按照表5-7降雨比例过程,确定最大10 min、1 h、6 h降雨在24 h降雨过程中的位置及比例($h_{10\ \mathrm{mmax}}\%$、$h_{1\ \mathrm{hmax}}\%$、$h_{6\ \mathrm{hmax}}\%$)。

(2)将$h_{10\ \mathrm{mmax}}\%$对应放入最大10 min降雨位置,比例定为100%。

(3)确定最大1 h降雨中,除最大10 min降雨外,其余10 min间隔降雨比例:

$$h_{设10\ \mathrm{m}}\%=\frac{h_{10\ \mathrm{m}}\%}{h_{1\ \mathrm{hmax}}\%-h_{10\ \mathrm{mmax}}\%}$$

(4)确定最大6 h降雨中,除最大1 h降雨外,其余10 min间隔降雨比例:

$$h_{设10\ \mathrm{m}}\%=\frac{h_{10\ \mathrm{m}}\%}{h_{6\ \mathrm{hmax}}\%-h_{1\ \mathrm{hmax}}\%}$$

(5)确定最大24 h降雨中,除最大6 h降雨外,其余10 min间隔降雨比例:

$$h_{设10\ \mathrm{m}}\%=\frac{h_{10\ \mathrm{m}}\%}{h_{24\ \mathrm{hmax}}\%-h_{6\ \mathrm{hmax}}\%}$$

完整10 min间隔设计降雨比例过程成果见表5-9。

表5-9 茅洲河24 h 10 min间隔设计降雨比例过程

t=10 min	占$H_{1/6}$ %	占($H_1-H_{1/6}$) %	占(H_6-H_1) %	占($H_{24}-H_6$) %	t=10 min	占$H_{1/6}$ %	占($H_1-H_{1/6}$) %	占(H_6-H_1) %	占($H_{24}-H_6$) %
1				1.03	73			3.22	
2				1.52	74			2.78	
3				1.69	75			1.47	
4				1.58	76			1.65	
5				1.49	77			1.75	
6				1.82	78			1.95	
7				2.01	79				2.04
8				1.85	80				2.36
9				2.04	81				1.60
10				2.31	82				1.55
11				2.39	83				1.33
12				2.28	84				1.11
13				2.01	85				1.03
14				1.79	86				1.20
15				1.36	87				1.11
16				1.71	88				0.98
17				1.69	89				1.58

续表 5-9

$t=10$ min	占 $H_{1/6}$ %	占 $(H_1-H_{1/6})$ %	占 (H_6-H_1) %	占 $(H_{24}-H_6)$ %	$t=10$ min	占 $H_{1/6}$ %	占 $(H_1-H_{1/6})$ %	占 (H_6-H_1) %	占 $(H_{24}-H_6)$ %
18				1. 17	90				1. 58
19				0. 87	91				1. 33
20				0. 68	92				0. 95
21				0. 68	93				0. 60
22				0. 52	94				0. 41
23				1. 06	95				0. 54
24				0. 90	96				0. 98
25				1. 06	97				1. 55
26				1. 17	98				0. 46
27				0. 35	99				0. 30
28				0. 38	100				0. 22
29				0. 71	101				0. 24
30				1. 01	102				0. 24
31				1. 98	103				0. 30
32				1. 77	104				0. 49
33				1. 22	105				1. 22
34				1. 22	106				0. 63
35				1. 36	107				1. 03
36				0. 68	108				0. 49
37				0. 71	109				0. 22
38				1. 49	110				0. 22
39				1. 20	111				0. 38
40				0. 76	112				0. 41
41				0. 90	113				0. 60
42				1. 41	114				0. 82
43			3. 90		115				1. 14
44			3. 77		116				1. 69
45			3. 90		117				0. 57
46			3. 72		118				0. 71

续表 5-9

$t=10$ min	占 $H_{1/6}$ %	占 $(H_1-H_{1/6})$ %	占 (H_6-H_1) %	占 $(H_{24}-H_6)$ %	$t=10$ min	占 $H_{1/6}$ %	占 $(H_1-H_{1/6})$ %	占 (H_6-H_1) %	占 $(H_{24}-H_6)$ %
47			3.42		119				0.41
48			2.25		120				0.35
49			2.63		121				0.76
50			4.18		122				0.19
51			3.39		123				0.27
52			5.29		124				0.41
53			6.03		125				0.14
54			6.61		126				0.22
55		15.55			127				0.14
56		23.54			128				0.16
57	100				129				0.16
58		27.14			130				0.33
59		19.93			131				0.27
60		13.84			132				0.19
61			5.39		133				0.19
62			4.56		134				0.16
63			3.85		135				0.27
64			3.24		136				0.30
65			2.78		137				0.19
66			3.04		138				0.16
67			2.84		139				0.33
68			2.35		140				0.19
69			2.15		141				0.46
70			2.43		142				0.65
71			2.61		143				0.46
72			2.86		144				0.6

根据表 5-4 各历时设计雨量成果及表 5-9 降雨比例过程，采用设计频率暴雨乘以降雨比例得到降雨过程，即设计雨型，计算过程如下：

(1)根据《等值线图》成果，确定 $h_{10\ min}$、$h_{1\ h}$、$h_{6\ h}$、$h_{24\ h}$ 降雨量。

(2)将 $h_{10\ min}$ 对应放入最大 10 min 降雨位置。

(3)确定 1 h 降雨中,除 10 min 降雨外,其余 10 min 间隔降雨量。

$$h_{设10\ m} = (h_{1\ h} - h_{10\ m}) \times h_{设10\ m}\%$$

(4)确定 6 h 降雨中,除 1 h 降雨外,其余 10 min 间隔降雨量:

$$h_{设10\ m} = (h_{6\ h} - h_{1\ h}) \times h_{设10\ m}\%$$

(5)确定 24 h 降雨中,除 6 h 降雨外,其余 10 min 间隔降雨量:

$$h_{设10\ m} = (h_{24\ h} - h_{6\ h}) \times h_{设10\ m}\%$$

采用上述计算方法得到茅洲河流域 10 min 间隔 24 h 设计暴雨过程,如表 5-10 和图 5-3 所示。

表 5-10　茅洲河流域设计雨型

t=10 min	茅洲河流域降雨过程(mm)				t=10 min	茅洲河流域降雨过程(mm)			
	P=0.5%	P=1%	P=2%	P=5%		P=0.5%	P=1%	P=2%	P=5%
1	1.98	1.78	1.58	1.29	73	5.82	5.18	4.50	3.58
2	2.92	2.62	2.33	1.90	74	5.04	4.48	3.90	3.10
3	3.24	2.90	2.58	2.11	75	2.66	2.36	2.06	1.64
4	3.03	2.71	2.41	1.97	76	2.98	2.65	2.30	1.83
5	2.87	2.57	2.29	1.87	77	3.16	2.81	2.45	1.95
6	3.50	3.13	2.79	2.28	78	3.53	3.14	2.73	2.17
7	3.86	3.46	3.08	2.51	79	3.91	3.51	3.12	2.55
8	3.55	3.18	2.83	2.31	80	4.54	4.07	3.62	2.96
9	3.91	3.51	3.12	2.55	81	3.08	2.76	2.45	2.00
10	4.44	3.97	3.53	2.89	82	2.97	2.66	2.37	1.94
11	4.59	4.11	3.66	2.99	83	2.56	2.29	2.04	1.66
12	4.38	3.93	3.49	2.85	84	2.14	1.92	1.71	1.39
13	3.86	3.46	3.08	2.51	85	1.98	1.78	1.58	1.29
14	3.44	3.09	2.74	2.24	86	2.30	2.06	1.83	1.49
15	2.61	2.34	2.08	1.70	87	2.14	1.92	1.71	1.39
16	3.29	2.95	2.62	2.14	88	1.88	1.68	1.50	1.22
17	3.24	2.90	2.58	2.11	89	3.03	2.71	2.41	1.97
18	2.24	2.01	1.79	1.46	90	3.03	2.71	2.41	1.97
19	1.67	1.50	1.33	1.09	91	2.56	2.29	2.04	1.66
20	1.30	1.17	1.04	0.85	92	1.83	1.64	1.46	1.19
21	1.30	1.17	1.04	0.85	93	1.15	1.03	0.91	0.75
22	0.99	0.89	0.79	0.65	94	0.78	0.70	0.62	0.51

续表 5-10

$t=10$ min	茅洲河流域降雨过程(mm)				$t=10$ min	茅洲河流域降雨过程(mm)			
	$P=0.5\%$	$P=1\%$	$P=2\%$	$P=5\%$		$P=0.5\%$	$P=1\%$	$P=2\%$	$P=5\%$
23	2.04	1.82	1.62	1.33	95	1.04	0.94	0.83	0.68
24	1.72	1.54	1.37	1.12	96	1.88	1.68	1.50	1.22
25	2.04	1.82	1.62	1.33	97	2.97	2.66	2.37	1.94
26	2.24	2.01	1.79	1.46	98	0.89	0.79	0.71	0.58
27	0.68	0.61	0.54	0.44	99	0.57	0.51	0.46	0.37
28	0.73	0.65	0.58	0.48	100	0.42	0.37	0.33	0.27
29	1.36	1.22	1.08	0.88	101	0.47	0.42	0.37	0.31
30	1.93	1.73	1.54	1.26	102	0.47	0.42	0.37	0.31
31	3.81	3.41	3.04	2.48	103	0.57	0.51	0.46	0.37
32	3.39	3.04	2.70	2.21	104	0.94	0.84	0.75	0.61
33	2.35	2.10	1.87	1.53	105	2.35	2.10	1.87	1.53
34	2.35	2.10	1.87	1.53	106	1.20	1.08	0.96	0.78
35	2.61	2.34	2.08	1.70	107	1.98	1.78	1.58	1.29
36	1.30	1.17	1.04	0.85	108	0.94	0.84	0.75	0.61
37	1.36	1.22	1.08	0.88	109	0.42	0.37	0.33	0.27
38	2.87	2.57	2.29	1.87	110	0.42	0.37	0.33	0.27
39	2.30	2.06	1.83	1.49	111	0.73	0.65	0.58	0.48
40	1.46	1.31	1.16	0.95	112	0.78	0.70	0.62	0.51
41	1.72	1.54	1.37	1.12	113	1.15	1.03	0.91	0.75
42	2.71	2.43	2.16	1.77	114	1.57	1.40	1.25	1.02
43	7.06	6.28	5.46	4.34	115	2.19	1.96	1.75	1.43
44	6.83	6.07	5.28	4.20	116	3.24	2.90	2.58	2.11
45	7.06	6.28	5.46	4.34	117	1.10	0.98	0.87	0.71
46	6.74	5.99	5.21	4.15	118	1.36	1.22	1.08	0.88
47	6.19	5.50	4.78	3.81	119	0.78	0.70	0.62	0.51
48	4.08	3.63	3.15	2.51	120	0.68	0.61	0.54	0.44
49	4.77	4.24	3.69	2.93	121	1.46	1.31	1.16	0.95
50	7.56	6.73	5.85	4.65	122	0.37	0.33	0.29	0.24
51	6.14	5.46	4.75	3.78	123	0.52	0.47	0.42	0.34
52	9.58	8.52	7.41	5.89	124	0.78	0.70	0.62	0.51

续表 5-10

t=10 min	茅洲河流域降雨过程(mm)				t=10 min	茅洲河流域降雨过程(mm)			
	P=0.5%	P=1%	P=2%	P=5%		P=0.5%	P=1%	P=2%	P=5%
53	10.90	9.70	8.44	6.71	125	0.26	0.23	0.21	0.17
54	12.00	10.60	9.25	7.36	126	0.42	0.37	0.33	0.27
55	16.40	14.80	13.10	10.90	127	0.26	0.23	0.21	0.17
56	24.90	22.40	19.80	16.50	128	0.31	0.28	0.25	0.20
57	33.30	31.70	29.90	27.40	129	0.31	0.28	0.25	0.20
58	28.70	25.90	22.80	19.10	130	0.63	0.56	0.50	0.41
59	21.10	19.00	16.80	14.00	131	0.52	0.47	0.42	0.34
60	14.60	13.20	11.60	9.70	132	0.37	0.33	0.29	0.24
61	9.76	8.68	7.55	6.01	133	0.37	0.33	0.29	0.24
62	8.25	7.34	6.38	5.08	134	0.31	0.28	0.25	0.20
63	6.97	6.20	5.39	4.29	135	0.52	0.47	0.42	0.34
64	5.87	5.22	4.54	3.61	136	0.57	0.51	0.46	0.37
65	5.04	4.48	3.90	3.10	137	0.37	0.33	0.29	0.24
66	5.50	4.89	4.25	3.38	138	0.31	0.28	0.25	0.20
67	5.13	4.57	3.97	3.16	139	0.63	0.56	0.50	0.41
68	4.26	3.79	3.30	2.62	140	0.37	0.33	0.29	0.24
69	3.89	3.46	3.01	2.40	141	0.89	0.79	0.71	0.58
70	4.40	3.91	3.40	2.71	142	1.25	1.12	1.00	0.82
71	4.72	4.20	3.65	2.90	143	0.89	0.79	0.71	0.58
72	5.18	4.61	4.01	3.19	144	1.15	1.03	0.91	0.75

如果未收集到实测降雨过程,无法得到表 5-7 成果的时候,可采用雨力强度公式进行换算,得到逐 10 min 降过程,具体计算过程如下:

(1)按表 5-4 和表 5-6,计算各频率逐时间雨量。

(2)对逐时降雨由大到小进行排序。

(3)逐时累加得到累积降雨。

(4)将 10 min 设计降雨放入最大降雨时段内的中间,即 9:20~9:30 时段。

(5)10 min~1 h 逐时降雨采用 $H_{\Delta t}=S_P\times\Delta t^{1-n_{P(\frac{1}{6}\sim1)}}$ 计算最大 1 h 内逐 10 min 降雨,$S_P=H_{1\,\mathrm{h}}$,$1-n_{P(\frac{1}{6}\sim1)}=\dfrac{\lg H_{1\,\mathrm{h}}-\lg H_{\frac{1}{6}\,\mathrm{h}}}{\lg1-\lg\dfrac{1}{6}}$。

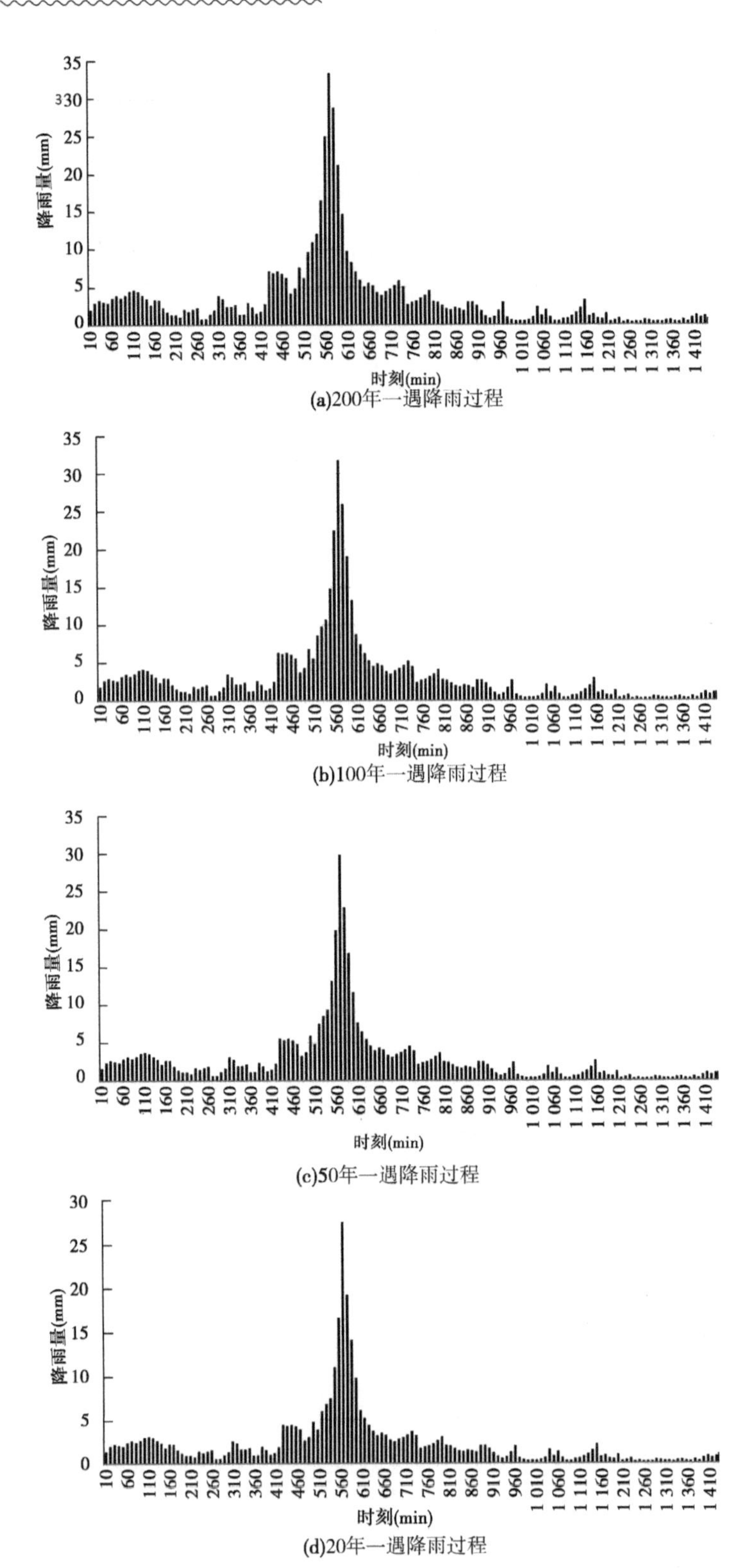

图 5-3 茅洲河流域设计雨型

(6)采用 $H_{\Delta t}=S_P\times\Delta t^{1-n_{P(t_1\sim t_2)}}$ 计算其余逐小时10 min间隔降雨，$S_P=\dfrac{H_{t_1}}{t_1^{1-n_{P(t_1\sim t_2)}}}$，

$1-n_{P(t_1\sim t_2)}=\dfrac{\lg H_{t_2}-\lg H_{t_1}}{\lg t_2-\lg t_1}$，$H_{t_1}$、$H_{t_2}$ 为时刻 t_1、t_2 的累积降雨量。

根据上述过程计算的茅洲河流域设计雨型，见表5-11和图5-4。

表5-11　茅洲河流域设计雨型(无实测降雨资料)

t=10 min	茅洲河流域降雨过程(mm)				t=10 min	茅洲河流域降雨过程(mm)			
	P=0.5%	P=1%	P=2%	P=5%		P=0.5%	P=1%	P=2%	P=5%
1	0.47	0.42	0.38	0.31	73	1.87	1.67	1.39	1.19
2	0.48	0.43	0.38	0.31	74	1.85	1.65	1.37	1.17
3	0.48	0.43	0.38	0.31	75	1.82	1.63	1.35	1.15
4	0.48	0.43	0.38	0.31	76	1.80	1.61	1.33	1.14
5	0.48	0.43	0.39	0.32	77	1.78	1.59	1.32	1.13
6	0.49	0.44	0.39	0.32	78	1.75	1.57	1.30	1.11
7	0.91	0.82	0.73	0.59	79	2.55	2.28	2.03	1.66
8	0.92	0.82	0.73	0.60	80	2.53	2.26	2.01	1.65
9	0.92	0.83	0.74	0.60	81	2.51	2.25	2.00	1.63
10	0.93	0.83	0.74	0.61	82	2.48	2.23	1.98	1.62
11	0.94	0.84	0.75	0.61	83	2.46	2.21	1.96	1.60
12	0.94	0.84	0.75	0.61	84	2.44	2.19	1.95	1.59
13	1.13	1.01	0.90	0.74	85	2.88	2.58	2.29	1.88
14	1.14	1.02	0.91	0.74	86	2.85	2.56	2.27	1.86
15	1.15	1.03	0.91	0.75	87	2.83	2.53	2.25	1.84
16	1.16	1.04	0.92	0.75	88	2.80	2.51	2.23	1.82
17	1.17	1.04	0.93	0.76	89	2.78	2.49	2.21	1.81
18	1.17	1.05	0.94	0.76	90	2.75	2.47	2.19	1.79
19	2.74	2.46	2.19	1.79	91	1.80	1.61	1.44	1.17
20	2.77	2.48	2.21	1.80	92	1.78	1.60	1.42	1.16
21	2.80	2.51	2.23	1.82	93	1.77	1.58	1.41	1.15
22	2.83	2.53	2.25	1.84	94	1.75	1.57	1.40	1.14
23	2.86	2.56	2.28	1.86	95	1.74	1.55	1.38	1.13
24	2.89	2.59	2.30	1.88	96	1.72	1.54	1.37	1.12
25	3.32	2.97	2.65	2.16	97	1.77	1.58	1.41	1.15
26	3.36	3.01	2.68	2.19	98	1.75	1.57	1.39	1.14
27	3.40	3.05	2.71	2.21	99	1.73	1.55	1.38	1.13
28	3.44	3.08	2.74	2.24	100	1.72	1.54	1.37	1.12
29	3.49	3.12	2.78	2.27	101	1.71	1.53	1.36	1.11
30	3.53	3.17	2.82	2.30	102	1.69	1.52	1.35	1.10
31	3.49	3.12	2.78	2.27	103	1.57	1.40	1.25	1.02
32	3.54	3.17	2.82	2.30	104	1.55	1.39	1.24	1.01
33	3.59	3.21	2.86	2.33	105	1.54	1.38	1.23	1.00

续表 5-11

t=10 min	茅洲河流域降雨过程(mm)				t=10 min	茅洲河流域降雨过程(mm)			
	P=0. 5%	P=1%	P=2%	P=5%		P=0. 5%	P=1%	P=2%	P=5%
34	3. 64	3. 26	2. 90	2. 37	106	1. 53	1. 37	1. 22	1. 00
35	3. 70	3. 31	2. 94	2. 41	107	1. 52	1. 36	1. 21	0. 99
36	3. 75	3. 36	2. 99	2. 44	108	1. 51	1. 35	1. 20	0. 98
37	3. 96	3. 52	3. 06	2. 43	109	1. 07	0. 96	0. 86	0. 70
38	4. 03	3. 58	3. 11	2. 48	110	1. 07	0. 96	0. 85	0. 69
39	4. 09	3. 64	3. 17	2. 52	111	1. 06	0. 95	0. 84	0. 69
40	4. 16	3. 70	3. 22	2. 56	112	1. 05	0. 94	0. 84	0. 69
41	4. 24	3. 77	3. 28	2. 61	113	1. 05	0. 94	0. 83	0. 68
42	4. 31	3. 84	3. 34	2. 66	114	1. 04	0. 93	0. 83	0. 68
43	5. 98	5. 31	4. 61	3. 66	115	1. 07	0. 96	0. 86	0. 70
44	6. 10	5. 42	4. 71	3. 74	116	1. 07	0. 96	0. 85	0. 69
45	6. 22	5. 53	4. 81	3. 83	117	1. 06	0. 95	0. 84	0. 69
46	6. 36	5. 66	4. 92	3. 92	118	1. 05	0. 94	0. 84	0. 69
47	6. 51	5. 79	5. 04	4. 02	119	1. 05	0. 94	0. 83	0. 68
48	6. 67	5. 94	5. 17	4. 12	120	1. 04	0. 93	0. 83	0. 68
49	6. 35	5. 63	4. 88	3. 86	121	1. 31	1. 17	1. 04	0. 85
50	6. 70	5. 95	5. 16	4. 09	122	1. 30	1. 16	1. 03	0. 84
51	7. 11	6. 32	5. 49	4. 36	123	1. 28	1. 15	1. 02	0. 84
52	7. 60	6. 76	5. 88	4. 68	124	1. 27	1. 14	1. 02	0. 83
53	8. 19	7. 30	6. 36	5. 07	125	1. 26	1. 13	1. 01	0. 82
54	8. 93	7. 96	6. 94	5. 56	126	1. 25	1. 12	1. 00	0. 82
55	18. 80	16. 70	14. 50	11. 80	127	0. 76	0. 68	0. 56	0. 48
56	20. 60	18. 50	16. 30	13. 50	128	0. 75	0. 67	0. 56	0. 48
57	24. 60	22. 50	20. 30	17. 40	129	0. 75	0. 67	0. 55	0. 47
58	33. 30	31. 70	29. 90	27. 40	130	0. 74	0. 66	0. 55	0. 47
59	22. 10	20. 00	17. 70	14. 90	131	0. 74	0. 66	0. 55	0. 47
60	19. 60	17. 50	15. 30	12. 50	132	0. 74	0. 66	0. 55	0. 47
61	3. 19	2. 86	2. 54	2. 08	133	1. 17	1. 05	0. 93	0. 76
62	3. 16	2. 83	2. 51	2. 05	134	1. 16	1. 04	0. 93	0. 76
63	3. 12	2. 80	2. 49	2. 03	135	1. 16	1. 04	0. 92	0. 75
64	3. 09	2. 76	2. 46	2. 01	136	1. 15	1. 03	0. 91	0. 75
65	3. 05	2. 73	2. 43	1. 99	137	1. 14	1. 02	0. 91	0. 74
66	3. 02	2. 70	2. 41	1. 96	138	1. 13	1. 01	0. 90	0. 74
67	5. 89	5. 24	4. 56	3. 64	139	0. 88	0. 79	0. 70	0. 57
68	5. 78	5. 15	4. 48	3. 57	140	0. 87	0. 78	0. 69	0. 57
69	5. 68	5. 05	4. 40	3. 50	141	0. 87	0. 78	0. 69	0. 56
70	5. 59	4. 97	4. 32	3. 44	142	0. 86	0. 77	0. 69	0. 56
71	5. 50	4. 89	4. 25	3. 38	143	0. 86	0. 77	0. 68	0. 56
72	5. 41	4. 81	4. 18	3. 32	144	0. 85	0. 76	0. 68	0. 55

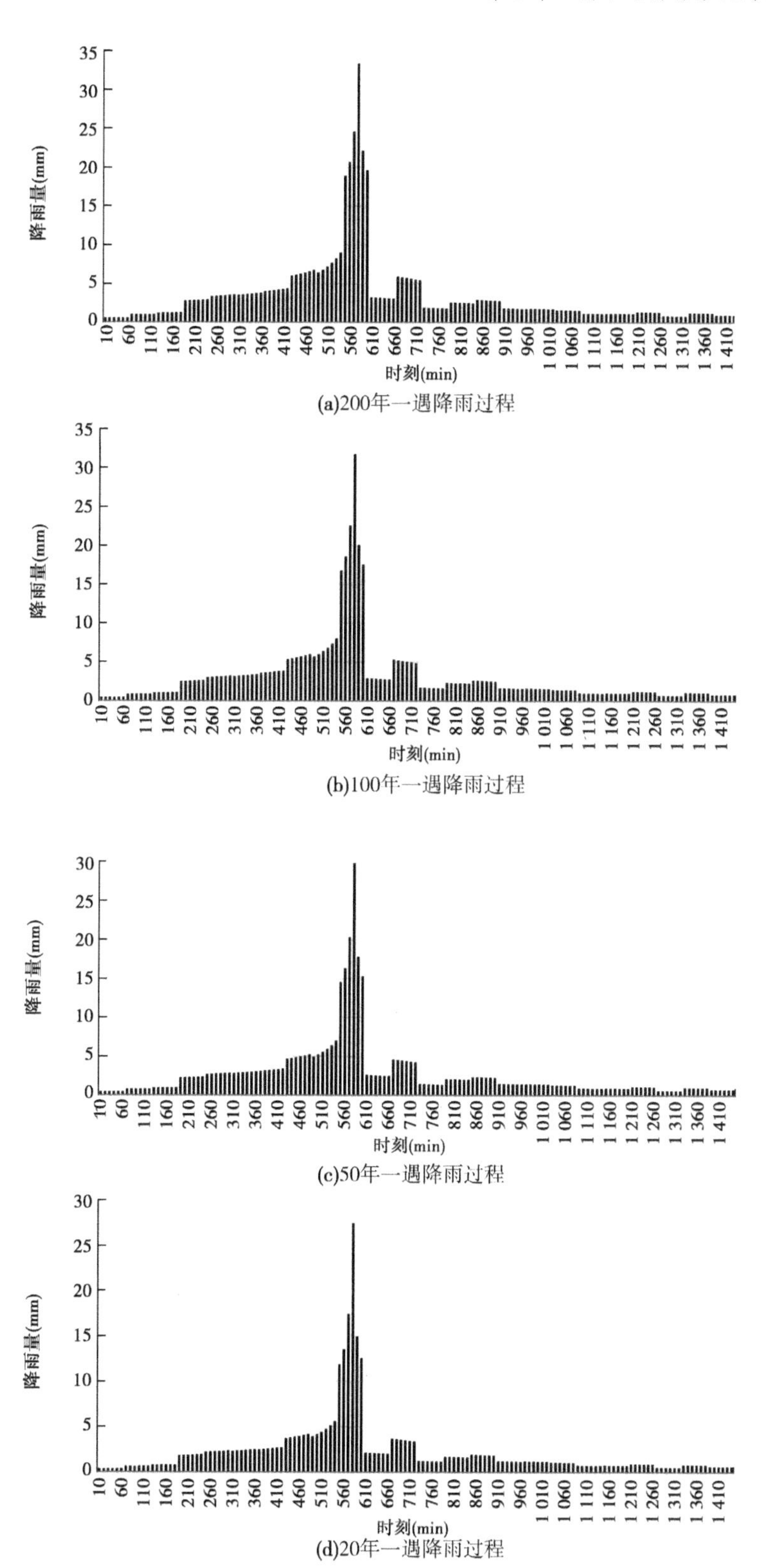

图 5-4　茅洲河流域设计雨型(无实测降雨资料)

5.3 流域产汇流分析

5.3.1 自然下垫面产汇流

5.3.1.1 产流分析

流域产流方式分为“蓄满产流”和“超渗产流”，前者是降水使土壤包气带和饱水带基本饱和而产生径流的方式。在降雨量较充沛的湿润、半湿润地区，地下潜水位较高，土壤前期含水量大，由于一次降雨量大，历时长，降水满足植物截留、入渗、填洼损失后，损失不再随降雨延续而显著增加，土壤基本饱和，从而广泛产生地表径流。蓄满产流这一术语是中国水文学家基于中国江淮流域，尤其是江南河网化地区具体情况提出的，它对产流理论和降雨径流形成规律的探索、雨洪预报方法的研究有一定的实际意义。蓄满产流计算示意图见图 5-5。

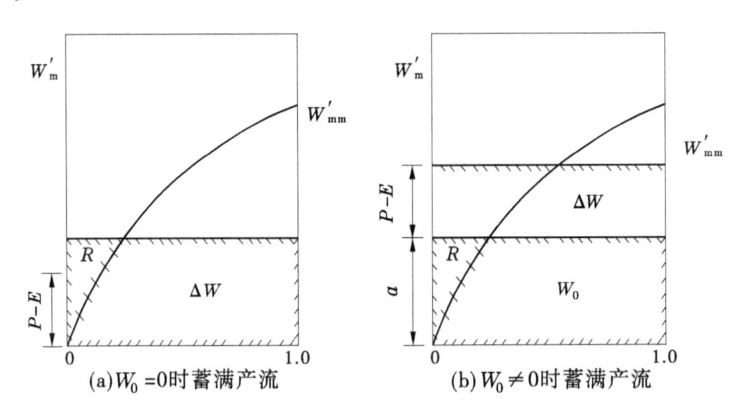

图 5-5 蓄满产流计算示意图

当 $P - E + \alpha < W'_{mm}$ 时，流域上为局部蓄满产流；当 $P - E + \alpha \geq W'_{mm}$ 时，全流域蓄满产流。

流域超渗产流是降雨强度大于地面下渗容量时才产流，降雨强度有实测资料，因此超渗产流地面径流的关键是如何求得降雨过程中任一时刻的地表下渗率。本书产流计算针对小流域而言，可采用单一下渗曲线或者初损后损法。

流域下渗曲线见图 5-6，该曲线可用下渗率和时间的关系曲线表示，通常采用图解法和列表法进行求解，该方法往往需要较多前期土壤含水量、降雨过程等多场实测数据进行率定，在小流域上难以找到相关实测数据，因此本书不再对此进行赘述，读者可查阅相关文章。

初损后损法是下渗曲线的一种实用简化，其将降雨损失分为两部分：①产流开始之前的损失称为初损；②产流之后的损失称为后损。初损后损划分见图 5-7。

具体计算步骤如下：

(1) 确定产流开始时刻。小流域汇流时间短，故洪水过程线的起涨时刻大体上可作为产流开始时刻；对于较大流域，一般应考虑流域内各雨量站至出口断面汇流时间上的差

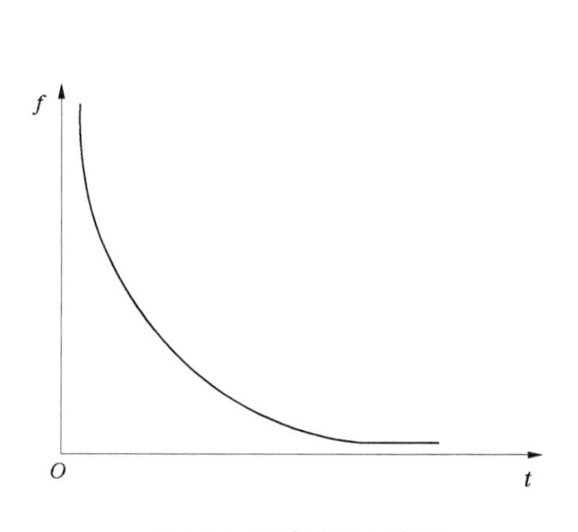

图 5-6　下渗曲线示意图

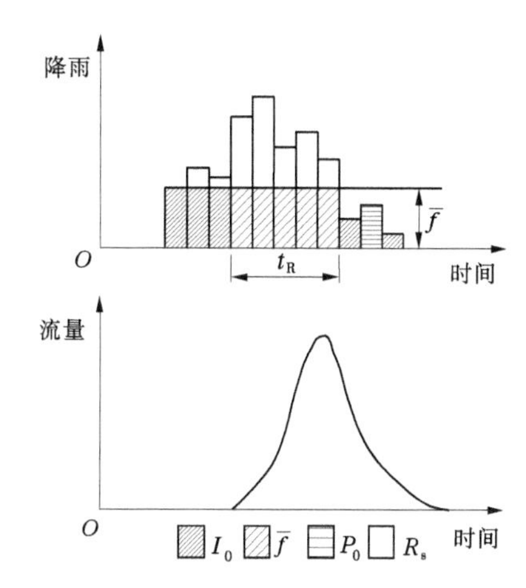

图 5-7　初损后损划分示意图

异，分雨量站按各自的汇流时间来确定各自的产流开始时间。

(2)计算产流前的降雨量(t_1 时刻以前)，称为初损。

(3)计算初损后再按照下式计算后损平均强度 $\bar{f}$：

$$\bar{f} = (P - R - I_0 - P_0)/t_R$$

式中：P 为一次降雨量总和，mm；R 为一次洪水径流量，mm；I_0 为初损量，mm；P_0 为后损期内不产流的降雨量，mm；t_R 为后损历时，h。

按照下渗曲线与降雨过程的对比关系可知，在产流开始时刻之前的降雨量等于流域的蓄水量的变化。在开始产流以前，流域的蓄水量由 P_a 变为 P_a+I_0，后损也取决于该时刻，并与后损量相关，见图 5-8。

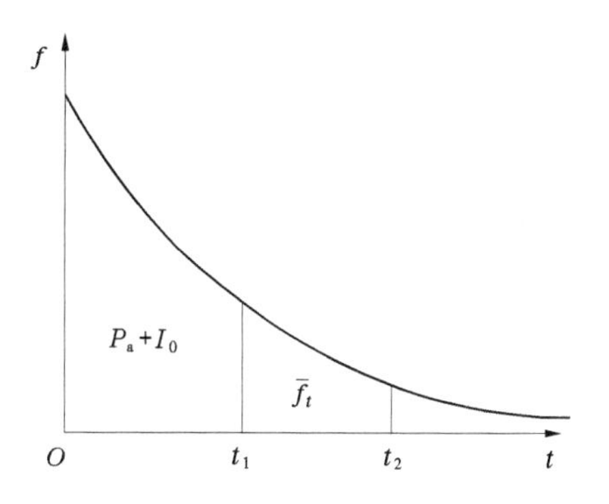

图 5-8　下渗与初损后损关系示意图

5.3.1.2　汇流分析

降落在流域上的雨水，从各出口向流域出口汇集的过程为流域汇流，可划分为河道汇流和坡面汇流两个阶段。河道汇流由各级河道组成，坡面汇流指流域上的水直接汇入各级河流的部分。坡面汇流包括地面径流、壤中流汇流和地下水汇流等，流域汇流是一个复杂的系统，水文学中主要从流域整体出发，将流域上的降雨转化为流域出口或者河道计算断面的洪水过程。目前，主要常用的方法有等流时线法、单位线法、水文模型法。

1. 等流时线法

首先在流域集水分区图上划分等流时线，见图 5-9。降雨落在该线上的雨水经过相同的时间，同时到达流域出口，相邻两条等流时线之间的面积称为等流时面积。同时降落在同一等流时面积的雨水，能在对应的两条等流时线的间隔内相继到达流域出口。

如图 5-9 所示，将流域划分为 8 块等流时面积，分别为 A_1、A_2、A_3、A_4、A_5、A_6、A_7、A_8，一场空间分布均匀的降雨，共有 3 个时段，时段净雨分别为 h_1、h_2、h_3，净雨时段与等流时线时段一致，均为 Δt。按照等流时线的基本概念，该场降雨形成的流域出口洪水流量过程为：

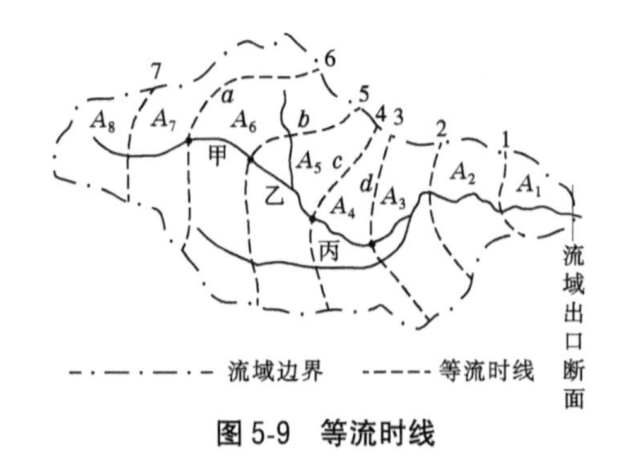

图 5-9 等流时线

$$Q_1 = \frac{h_1}{\Delta t}A_1$$

$$Q_2 = \frac{h_1}{\Delta t}A_2 + \frac{h_2}{\Delta t}A_1$$

$$Q_3 = \frac{h_1}{\Delta t}A_3 + \frac{h_2}{\Delta t}A_2 + \frac{h_3}{\Delta t}A_3$$

$$Q_4 = \frac{h_1}{\Delta t}A_4 + \frac{h_2}{\Delta t}A_3 + \frac{h_3}{\Delta t}A_2$$

$$Q_5 = \frac{h_1}{\Delta t}A_5 + \frac{h_2}{\Delta t}A_4 + \frac{h_3}{\Delta t}A_3$$

$$Q_6 = \frac{h_1}{\Delta t}A_6 + \frac{h_2}{\Delta t}A_5 + \frac{h_3}{\Delta t}A_4$$

$$Q_7 = \frac{h_1}{\Delta t}A_7 + \frac{h_2}{\Delta t}A_6 + \frac{h_3}{\Delta t}A_5$$

$$Q_8 = \frac{h_1}{\Delta t}A_8 + \frac{h_2}{\Delta t}A_7 + \frac{h_3}{\Delta t}A_6$$

$$Q_9 = \frac{h_2}{\Delta t}A_8 + \frac{h_3}{\Delta t}A_7$$

$$Q_{10} = \frac{h_3}{\Delta t}A_8$$

$$Q_{11} = 0$$

其中 Q_1、Q_2、Q_3、…、Q_{11} 为 1、2、3、…、11 时段末的流域出口断面流量。

2. 单位线法

单位线法用于计算地面净雨流域汇流过程，即单位时段内，流域上均匀分布的一个单位地面净雨量形成的流域出口断面地面径流量过程线称为单位线。单位时段，可根据流域的大小、坡降、汇流长度等综合确定。单位净雨一般取 10 mm。如果时段内净雨量不是一个单位，而是 n 个单位的净雨，则形成流域出口的流量过程为单位线的 n 倍；如果净雨不是一个时段，是 m 个时段，则形成的出流过程是各时段净雨形成的出流过程瞬时之和（错开相应的时段之和）。前者为单位线法的倍比假设，后者为单位线的叠加假设。单位线法推求流量过程的步骤如下：

$$Q_1 = \frac{h_1}{10}q_1$$

$$Q_2 = \frac{h_1}{10}q_2 + \frac{h_2}{10}q_1$$

$$Q_3 = \frac{h_1}{10}q_3 + \frac{h_2}{10}q_2 + \frac{h_3}{10}q_3$$

$$Q_4 = \frac{h_1}{10}q_4 + \frac{h_2}{10}q_3 + \frac{h_3}{10}q_2 + \frac{h_4}{10}q_1$$

$$Q_5 = \frac{h_1}{10}q_5 + \frac{h_2}{10}q_4 + \frac{h_3}{10}q_3 + \frac{h_4}{10}q_2 + \frac{h_5}{10}q_1$$

$$\cdots$$

式中：Q_1、Q_2、Q_3、Q_4、Q_5…为 1、2、3、4、5…时段末的流量过程，m^3/s；q_1、q_2、q_3、q_4、q_5…为单位线纵坐标的数值，m^3/s；h_1、h_2、h_3、h_4、h_5…为 1、2、3、4、5…时段的净雨，mm。

表 5-12 为单位线法计算过程。

表 5-12　单位线法计算过程

时间（时:分）	净雨（mm）	单位线（m^3/s）	单位时段流量过程（m^3/s）					流域出口流量过程（m^3/s）
0:00	30	0	0					0
0:20	50	0.050	0.15	0				0.15
0:40	65	1.086	3.26	0.25	0			3.51
1:00	30	4.203	12.61	5.43	0.33	0		18.36
1:20	10	2.995	8.99	21.02	7.06	0.15	0	37.21
1:40		1.736	5.21	14.98	27.32	3.26	0.05	50.81
2:00		1.027	3.08	8.68	19.47	12.61	1.09	44.92
2:20		0.673	2.02	5.14	11.28	8.99	4.20	31.63
2:40		0.471	1.41	3.37	6.68	5.21	3.00	19.66
3:00		0.366	1.10	2.36	4.37	3.08	1.74	12.64
3:20		0.260	0.78	1.83	3.06	2.02	1.03	8.72
3:40		0.178	0.53	1.30	2.38	1.41	0.67	6.30
4:00		0.118	0.35	0.89	1.69	1.10	0.47	4.50
4:20		0.065	0.20	0.59	1.16	0.78	0.37	3.09
4:40		0.022	0.07	0.33	0.77	0.53	0.26	1.95
5:00				0.11	0.42	0.35	0.18	1.06
5:20					0.14	0.20	0.12	0.46
5:40						0.07	0.07	0.13
6:00							0.02	0.02

5.3.2　城市化地区产汇流

城市化地区的产流和汇流,其计算原理和自然下垫面基本一致,仅因为城市化后下垫面具有一定的特殊性(下垫面硬化导致的不透水面面积增加以及流域汇流主要靠雨水管道、排水沟渠等),导致城市化地区洪水计算具有一定的特殊性。城市排涝、排水系统中的洪水过程,大部分为地面流,洪水过程历时短、涨落幅度大,几乎无基流量。因此,城市化地区产流应注重地表径流分布,对地下径流可不予考虑。

城市化地区汇流过程,主要从房屋顶、路面、广场等产流径流,之后进入排水沟、雨水管、滞蓄设施,最后进入河涌、湖泊等水体。

5.3.2.1　产流分析

城市化地区产流计算分析与自然下垫面初损后损法基本一致。当降雨量足截流和填洼且雨强超过下渗强度时,地面开始积水,并形成地表径流。

截流是指停留在植物的叶和干或者其他地面覆盖物上的降雨量,超过截流能力的降雨量才能得到地面,形成下渗、填洼或径流。小流域上,截流可能是造成径流滞后现象的原因之一。一般,截流的雨量全部集中在降雨的最初部分。

植物降雨—流量关系如图 5-10 所示。

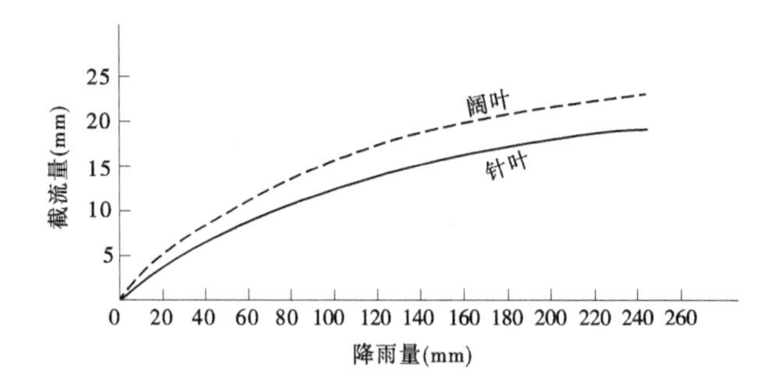

图 5-10　植物降雨—流量关系

填洼指停留在小块洼地中的消耗于蒸发和下渗且不能形成地表径流的雨量。城市地区不同用地类型填洼量见表 5-13。

表 5-13　不同用地类型填洼量

用地类型	填洼量(mm)
块砖铺砌	2.5
平屋顶	5.0
有坡度屋顶	2.5
草地	12.5
耕地	15.0
林地	13.0

下渗率和时间的关系曲线,通常采用图解法和列表法进行求解,该方法往往需要较多前期土壤含水量、降雨过程等多场实测数据进行率定,在小流域上难以找到相关实测数据。

城市化地区的产流净雨为扣除截留、填洼和下渗之后的雨量,而城市化地区为小流域,实测资料缺乏,采用经验值往往主观性影响较大,鉴于此,可采用片区综合径流系数法,由毛雨量乘以综合径流系数得到净雨,综合径流系数可参考表4-5。

5.3.2.2 汇流分析

本节阐述的汇流为由产生净雨至汇流雨水口、排水沟渠的过程,不包括管道、沟渠转输过程。城市地区的雨水集水分区往往较小,地面的最远点至雨水口距离50 m左右,汇流时间一般为5~15 min。汇流计算方法与自然下垫面一致,主要常用的方法有等流时线法、单位线法、水文模型法。

然而,在城市雨水管网规划和设计时,采用上述方法计算管道流量比较麻烦,往往较小的汇水区域汇流时间较短,可忽略其汇流时间,相应汇流时间的雨强表示地面汇流过程。

5.4 水文水动力耦合模型

水文水动力耦合模型由流域产汇流模型、水库调洪演算模型、河道洪水演进模型、管网模型、地表洪水演进模型等耦合组成。

5.4.1 流域产汇流模型

流域产汇流依据下垫面情况,采用等流时线、推理工程、综合单位法计算汇流子流域的洪水过程,具体计算方法见5.3节。可得子流域出口断面的流量过程,并将其作为水库调洪演算模型、河道洪水演进模型的流量边界条件。

5.4.2 水库调洪演算模型

水库调洪计算的目的是在入库洪水过程、库容曲线、泄洪建筑物的形式尺寸及调度规则确定的条件下,推求下泄流量过程和库水位过程。水库调洪演算的实质就是联合求解下述水量平衡方程和蓄泄方程。

$$V_t = V_{t-1} + \left(\frac{Q_t + Q_{t-1}}{2} - \frac{q_t + q_{t-1}}{2}\right)\Delta t$$

$$q_t = f(V_t)$$

式中:V_t、V_{t-1} 为 t 时段末、初水库蓄水量,m^3;Q_t、Q_{t-1} 为 t 时段末、初入库流量,m^3/s;q_t、q_{t-1} 为 t 时段末、初水库下泄流量,m^3/s;Δt 为时段长;$f(V_t)$ 为下泄能力函数(与具体水库泄洪设备有关)。

5.4.3 河道洪水演进模型

采用圣维南方程组作为单一河道非恒定流控制方程:

$$\frac{\partial Z}{\partial t}+\frac{1}{B}\frac{\partial Q}{\partial x}=\frac{q}{B}$$

$$\frac{\partial Q}{\partial t}+gA\frac{\partial Z}{\partial x}+\frac{\partial}{\partial x}(\beta uQ)+g\frac{|Q|Q}{c^2AR}=0$$

式中:Z 为水位,m;t 为时间,s;B 为过水断面水面宽度,m;Q 为流量,m^3/s;x 为里程,m;q 为侧向单宽流量,m^2/s,正值表示流入,负值表示流出;g 为重力加速度,m/s^2;A 为过水断面面积,m^2;β 为校正系数;u 为断面平均流速,m/s;c 为谢才系数,$c=R^{1/6}/n$,n 为曼宁糙率系数;R 为水力半径,m。

通过以下公式,建立河网的汊点连接模式:

$$\sum_{i=1}^{m}Q_i=0$$

$$Z_1=Z_2=k=Z_m$$

式中:Q_i 为汊点第 i 条支流流量,m^3/s,流入为正,流出为负;Z_i 为汊点第 i 条支流的断面平均水位,m;m 为汊点处的支流数量。

水闸断面的通量由水闸过流公式确定。即闸门关闭情况下,过闸流量 $Q=0$;闸门开启情况下,过闸流量按宽顶堰公式计算:

自由出流:

$$Q=mB\sqrt{2g}H_0^{1.5}$$

淹没出流:

$$Q=\varphi B\sqrt{2g}H_s\sqrt{Z_u-Z_d}$$

式中:Q 为过闸流量,m^3/s;m 为自由出流系数;B 为闸门开启总宽度,m;H_0 为闸上游水深,m;φ 为淹没出流系数;H_s 为闸下游水深,m;Z_u 为闸上游水位,m;Z_d 为闸下游水位,m。

5.4.4 管网水动力模型

管网明满流方程如下:

$$\frac{\partial Z}{\partial t}+\frac{1}{B}\frac{\partial Q}{\partial x}=q_L$$

$$\frac{\partial Q}{\partial t}+\frac{\partial}{\partial x}\left(\frac{Q^2}{A}\right)+gA\frac{\partial Z}{\partial x}+gAS_f+gAh_L=0$$

式中:Z 为明渠流水位或压力流水头,m;B 为明渠流过水断面水面宽度,m,压力流时为 0。

Preissmann 狭缝法假定管道顶部存在一个无限长、宽度为 B 的狭缝:

$$B=\frac{gA}{a^2}$$

式中:A 为断面的过水面积,m^2;a 为波速,m/s。

5.4.5 地表洪水演进模型

采用守恒形式的二维浅水方程:

$$\frac{\partial \mathbf{U}}{\partial t}+\frac{\partial \mathbf{E}^{\mathrm{adv}}}{\partial x}+\frac{\partial \mathbf{G}^{\mathrm{adv}}}{\partial y}=\mathbf{S}$$

式中:$\mathbf{U}$ 为守恒向量;$\mathbf{E}^{adv}$、$\mathbf{G}^{adv}$ 分别为 x 、y 方向的对流通量向量;$\mathbf{S}$ 为源项向量。

$$\mathbf{U}=\begin{bmatrix} h \\ hu \\ hv \end{bmatrix}$$

$$\mathbf{S}=\begin{bmatrix} 0 \\ g(h+b)S_{0x} \\ g(h+b)S_{0y} \end{bmatrix}+\begin{bmatrix} 0 \\ -ghS_{fx} \\ -ghS_{fy} \end{bmatrix}+\begin{bmatrix} r-i \\ 0 \\ 0 \end{bmatrix}$$

$$\mathbf{E}^{\mathrm{adv}}=\begin{bmatrix} hu \\ hu^2+\frac{1}{2}g(h^2-b^2) \\ huv \end{bmatrix}$$

$$\mathbf{G}^{\mathrm{adv}}=\begin{bmatrix} hv \\ huv \\ hv^2+\frac{1}{2}g(h^2-b^2) \end{bmatrix}$$

式中:h 为水深,m;u、v 分别为 x、y 方向流速,m/s;b 为底高程,m;g 为重力加速度,$\mathrm{m/s^2}$;r 为降雨强度,m/s;i 为入渗强度,m/s;$S_{0x}=-\partial b(x,y)/\partial x$、$S_{0y}=-\partial b(x,y)/\partial y$ 为底坡斜率;$S_{fx}=n^2uh^{-4/3}\sqrt{u^2+v^2}$、$S_{fy}=n^2vh^{-4/3}\sqrt{u^2+v^2}$ 为摩阻斜率,n 为曼宁糙率系数。

5.4.6 耦合模型

河道-地表模型的侧向耦合:侧向耦合界面处需要满足流量约束条件,即保证一维河道、二维地表模型间水量及动量守恒。因此,通过"互相提供边界"的方式实现河道-地表模型的侧向耦合,即:将每相邻两个断面间的河道边界作为一个耦合边界,在二维模型中,各耦合边界被定义为独立的水位边界,其边界节点的水位值由相邻两个上下游断面的水位按照反距离插值得到;在一维模型中,各耦合边界被定义为旁侧入流;一维、二维模型侧向耦合求解时,在每一计算时间步长内,首先进行一维模型计算,并将耦合边界的上下游断面水位传递给二维模型;然后通过二维模型计算,将得到的耦合边界流量以旁侧入流的方式传递给一维模型。据此可以模拟溃漫堤洪水演进过程。

河道-管网模型的侧向耦合:管网水头较高时,水流通过排水口进入河道;河道水位较高时,可对管网排水造成顶托甚至倒灌。因此,通过"互相提供边界"的方式实现河道-管网模型的侧向耦合,即将河道水位作为管网排水口的水位边界,进行管网计算;将管网排水口的流量计算结果作为河道的旁侧入流、出流边界。

管网-地表的竖向耦合:竖向耦合方法与侧向耦合类似,即通过"互相提供边界"的方式计算管网-地表的交换流量,再进一步对模型状态进行更新。

5.5 外江洪(潮)水位

粤港澳大湾区地处珠江流域下游珠江三角洲,西、北、东江流入后经八大口门出海,形成"三江汇流,八口出海"的格局。汛期过境洪水峰高、量大、历时长,且极易与天文大潮组合加剧灾害。目前珠江流域上游已建防洪控制性水库,包括西江龙滩,右江百色、老口,北江飞来峡、湾头和乐昌峡水库,东江新丰江、枫树坝、白盆珠水库等。

粤港澳大湾区不仅受西、北、东江洪水的影响,亦受南海风暴潮影响,平均每年登陆5.5个热带气旋。近年来,受气候变化的影响,影响粤港澳大湾区的强台风次数呈增加趋势,导致风暴潮频次增加。加上强人类活动的影响,粤港澳大湾区风暴潮位屡次突破极值。在2008年第14号台风"黑格比"的影响下,珠江河口范围多个站点水位突破历史极值。2017年半个月之内粤港澳大湾区接连遭受"天鸽""帕卡"及"玛娃"等强台风袭击,其中以2017年的第13号强台风"天鸽"造成的影响最大,珠江河口多个站点水位远超"黑格比"台风影响,其中澳门附近水域水位超过200年一遇,受灾严重。2018年第22号强台风"山竹"袭击粤港澳大湾区,造成珠江河口东四口门多个站点水位超过历史极值。

粤港澳大湾区受天气系统影响,暴雨有明显的前后汛期之分。每年4~6月为前汛期,由于西风带天气系统的影响,平均可发生10次暴雨过程;降雨以锋面雨为主,虽然暴雨量级不大,但局地性强,短历时强降雨时有发生,往往年最大降雨发生在该时段内。7~9月为后汛期,由于热带天气系统的影响,进入盛夏季节,降雨以台风雨为主,虽然暴雨时程分配较为均匀,但其范围广、总量大。

5.5.1 西、北、东江洪水与潮位遭遇分析

根据《西、北江下游及三角洲网河河道设计洪潮水面线》(2002年)的分析成果,西、北江洪水和南海潮位是两个独立的事件,两者之间的遭遇具有随机性。但对风暴潮而言,大于5年一遇的大洪水与南海高潮位几乎不遭遇。对三灶站较高潮位遭遇西、北江洪水的统计和分析表明,150次高潮位系列中,遭遇5年一遇以下的常遇洪水,仅仅两次遭遇到10年一遇的洪水。《西、北江下游及三角洲网河河道设计洪潮水面线》(2002年)采用的洪潮组合方式为西北江洪水为主时,下游遭遇三灶站年频率为75%的相应潮位(1.34 m,珠基高程),通过建立各口门潮位站高潮位与三灶站对应高潮位及上游洪水流量关系,求得各频率洪水下各口门潮位站的控制潮位。以下游潮水位为主时,上游西北江采用多年平均洪峰流量。

根据《东江干流及三角洲河段设计洪潮水面线计算报告》,东江洪水基本与狮子洋高潮位不遭遇,东江博罗站发生洪水时,遭遇大盛站、泗盛围站多年平均最高潮位,分别为1.89 m和1.93 m;当大盛站、泗盛围发生设计频率高潮位时,遭遇博罗站多年平均洪水。

5.5.2 雨潮遭遇分析

根据《广东省防洪(潮)标准和治涝标准(试行)》,外江水位问题一般应根据实测资料分析涝区暴雨与外江水位的遭遇情况,合理确定各有关水位,并据以求出设计、最大、最

小扬程。若无实测资料,潮区可采用5年一遇的最高水位为上水位,其余地区可采用外江多年平均洪峰水位为上水位。

根据珠江三角洲相关规划研究成果,24 h设计频率暴雨遭遇外江潮位不超过多年平均最高潮位;设计频率潮位遭遇24 h降雨不超过多年平均降雨。雨潮组合采用:24 h设计暴雨遭遇外江多年平均最高潮位;外江设计频率潮位遭遇多年平均最大24 h暴雨。

传统雨潮遭遇分析常采用“年最大24 h降雨遭遇相应潮位”和“年最高潮位遭遇相应的24 h降雨”做统计分析,该方法统计工程量小,基础资料要求低,在实际工程规划及规模论证过程中,被广泛采用。但其导致统计样本偏少,并且可能遗漏偏不利的雨潮组合样本,导致统计结果代表性不足,影响工程规模。然而粤港澳大湾区城市河道集雨面积、河道长度较小,流域产汇流时间较短,基本为3~6 h,一般不会超过24 h。鉴于大湾区城市水文情势具有以下三个特点:①雨:从导致发生内涝的实际降雨可知,主要由3~6 h短历时强降雨所致;②洪:大部分河道流域面积较小,洪峰由3~6 h降雨形成,一般不超过24 h;③潮:从潮汐特性可知,每天两涨两落,涨、落潮时间6 h左右。因此,根据区域河道特性及产汇流时间,遭遇分析应根据具体流域特性,采用6 h或24 h降雨与相应潮位进行遭遇分析。鉴于年最大值选样方法可能导致遗漏偏不利的雨潮组合样本,应该采用年多个样本法或者超定量法选取雨潮遭遇样本。

第6章　城市基础设施洪涝保护措施研究

6.1　城市洪涝成因类型

近年来,极端灾害气候频发,随着社会经济的快速发展,洪涝灾害造成的损失主要由城市承担。如何避免洪涝灾害,有针对性地提出设防措施,需分析城市洪涝的成困。粤港澳大湾区城市基础设施受洪涝灾害的类型主要有四种,分别如下所述。

6.1.1　区域局部暴雨致灾

区域局部暴雨主要为连续降雨或短历时强降雨,城市排水不畅或者排水能力不够,未能及时排水导致区域发生积水的现象。

6.1.2　山洪灾害

城市中往往伴随着不少山丘,受降雨因素以及山丘区地形等因素的影响,发生强降雨时容易产生山洪,当基础设施位于山区集雨范围内时,需重点考虑山洪所带来的影响。此类洪水具有突发性、水量集中、流速大以及破坏力强的特点。因此,在防治对策研究中,不仅要考虑山洪灾害导致的积水的影响,同时还要考虑山洪冲击力大所产生的破坏。

6.1.3　漫(溃)堤致灾

珠江河口位于粤港澳大湾区,受上游洪水以及风暴潮等影响较大,当发生超标准洪水或风暴潮时,河道或海洋中水位提升,部分堤防设计标准较低以及部分堤防为险工险段,可能会发生漫堤甚至溃堤现象,此时水体流入到陆地发生洪涝灾害。此种类型产生的洪涝灾害往往很严重,尤其是溃堤,大量洪(潮)水涌入内陆,淹没范围广,淹没水深大,对于漫(溃)堤致灾,要很注意防护。

6.1.4　多种类型组合

粤港澳大湾区众多河道受洪潮影响,当发生大暴雨时,可能发生超标准洪水,部分河道受上游洪水影响较大,联围内即存在着洪水漫(溃)堤的风险以及工程附近区域暴雨内涝等双重影响;在沿海区域,以潮为主的情况下,受台风影响显著,台风往往伴随着风暴潮和强降雨,就可能存在漫(溃)堤以及暴雨内涝等多重影响。因此,“二碰头”的现象并不罕见,对于城市基础设施的建设,需要对其内涝成因进行充分考虑。

6.2　防治措施研究

城市基础设施洪涝防治措施依托于所在防护区的防洪治涝体系,根据防护区的防治措施,再结合自身基础设施的特点提出针对性的防护措施。前文分别介绍了城市基础设施类型以及产生洪涝灾害的原因,如何规避洪涝灾害所带来的风险,是很多学者一直研究的问题。本书结合粤港澳大湾区自身的特点,对城市基础设施可能产生的洪涝灾害的原因进行分析,提出相应的防治措施。

6.2.1　洪水防护措施

粤港澳大湾区众多城区由多个联围组成,大多联围由堤防形成封闭的防洪(潮)体系以抵御外江或外海洪(潮)水的侵袭,当发生漫堤或者溃堤情况时,由于水量大,洪(潮)水入侵时间快,对城市基础设施的危害巨大,因此如何有效防止外江(海)洪(潮)水的入侵,是保护城市基础设施建设的重要问题。

随着全球海平面的上升、极端天气频发以及城市快速发展对防洪标准要求的提升,如何保护城市基础设施不受外江(潮)水的影响是首先要解决的问题。对于洪水的影响,主要采用水利枢纽调控、蓄滞洪区以及堤防的达标建设等措施;而对于潮水的影响,目前只能采用堤防达标建设这一种措施来解决。

粤港澳大湾区主要受东江、西江和北江洪水的威胁,需要建立完整的防洪体系,按照“堤库结合,以泄为主、泄蓄兼施”的防洪方针,主要体现在如下方面。

6.2.1.1　河道治理工程

河道治理工程包括堤岸达标加固、河道疏浚以及清障工程。为防止洪(潮)水倒灌入陆地区域,堤防的建设对其有决定性的作用,确定其保护区域防洪标准之后,需要结合防洪体系,根据相应的标准对堤防进行达标加固建设,同时为了保障河道泄洪通畅,适时开展相应的河道清障工程,能够降低洪水水位,更有利于防护外来洪水的入侵。

6.2.1.2　防洪枢纽工程

防洪枢纽工程是指在河道位置修建大坝等挡水建筑物,一般由挡水、泄洪、放水等水工建筑物组成。在大坝上游一定范围为水库,根据其大坝建设形成一定的库容。在防洪工程中,防洪枢纽工程起了举足轻重的作用。当上游发生洪水时,防洪水利枢纽对洪水可以起到滞洪、削峰以及错峰的作用,对于高重现期洪水,能够提升枢纽下游河道的防洪标准。对于防洪枢纽工程,配合其他防洪措施合理进行调度,可以大大提高下游保护区的防洪能力。

例如,飞来峡水利枢纽位于北江中下游,于1999年建成,坝址控制流域面积34 097 km^2,占北江流域面积的73%,占北江下游防洪控制断面石角站以上流域面积的88.9%,总库容18.70亿 m^3,是控制北江洪水的关键性工程。枢纽以防洪为主,兼有航运、发电等综合利用功能。水库设置防洪库容13.07亿 m^3,与潖江蓄滞洪区联合运用,可将石角站100~200年一遇洪水削减为50年一遇洪水,300年一遇洪水削减为100年一遇洪水。水库防洪主要保护对象是包括广州市在内的北江大堤保护区,并还可适当提高下游重点堤围的防洪标准。

飞来峡水利枢纽航拍照片如图 6-1 所示。

图 6-1　飞来峡水利枢纽航拍照片

6.2.1.3　蓄滞洪区建设

蓄滞洪区是指河堤背水侧以外临时储存洪水的低洼地区以及湖泊等，包括行洪区、分洪区、蓄洪区和滞洪区，是江河流域防洪体系中的重要组成部分，是保障重点防洪安全，减轻灾害的有效措施。对于部分河道，堤防的达标加固以及防洪枢纽工程的建设并不能满足其防洪标准，或者其代价太大，在有条件的情况下，考虑蓄滞洪区的建设并合理使用，是保障防洪体系的重要一环。

粤港澳大湾区潖江蓄滞洪区是北江下游的天然洪泛区，任务是辅助飞来峡水利枢纽、北江大堤、清远各堤围，与北江飞来峡水利枢纽以及北江大堤进行联合调度，能够将北江大堤保护区的防洪能力提高到 300 年一遇，并使北江中下游部分堤围的防洪标准提高到 100 年一遇。

6.2.2　风暴潮防护措施

粤港澳大湾区受风暴潮影响较大，近年台风暴潮、短时暴雨等极端天气频发，设计潮位有不断抬高的趋势，致使原有堤围防潮标准被动下降。2017 年“天鸽”、2018 年“山竹”风暴潮接连刷新八大口门控制站最高潮位历史记录。广州城区“山竹”风暴潮最高潮位 3.28 m，几乎达到 1915 年乙卯水灾洪水位 3.48 m 同一水平，南沙、万顷沙西、横门、赤湾 100~200 年一遇设计潮位增加 0.5~0.76 m。防洪形势由之前防御西江、北江洪水为主，演变为防御流域洪水与河口风暴潮双重灾害的严峻形势。区域防洪潮设防标准与国际一流湾区有较大差距，需重新评估现有堤防设防标准。

粤港澳大湾区在珠江河口区域受潮影响较大，根据相应的防潮标准，需推进香港、澳门两个特别行政区以及广州、深圳、东莞、中山、珠海、江门等城市重点区域海堤达标加固工程，同时挡潮闸工程的建设也是保障防潮体系的重要一部分，与海堤构成堤闸结合的防潮工程体系。

6.2.2.1　海堤工程

根据其保护区的防潮标准，确定其海堤设计标准，分析洪潮遭遇组合，确定海堤的工程设计水位。由于受到各种条件限制，规划在有条件地段可采用允许越浪设计，复核越浪量，加强堤后排水设施建设，保证越浪水量对堤防自身安全和交通安全无影响及堤后排水通畅，同时采取各类消浪措施减小波浪爬高。

6.2.2.2　挡潮闸工程

挡潮闸是城市外围防潮工程体系的重要组成部分，其重要性与海堤一样，现有挡潮闸同时兼具防潮、排涝等功能。

挡潮闸的设计比海堤更为复杂，不仅要考虑外海的设计潮位，还要考虑内河涌的排涝水位及过流能力。对于现状存在挡潮闸，结合海堤提标同步达标加固，最终形成防潮封闭圈。

6.2.3　山洪灾害防护措施

山洪灾害和内涝灾害均为洪涝灾害，山洪灾害主要指因强降雨在山丘区引发的溪水洪水、滑坡、泥石流等而对国民经济和人民生命财产造成损失和危害的灾害。山洪灾害集中于山丘区域的中小河流，在发生暴雨条件下，汇流历时短，山洪具有突发性强、洪峰高、水量集中以及破坏力大的特点，给人民的生命、财产造成重大危害。粤港澳大湾区位于亚热带季风气候区，降水集中在4~9月，受台风影响较大，经常造成强度大、降水量集中的暴雨，很容易造成山洪灾害问题。

2020年5月22日，广州市增城区埔安河流域发生特大暴雨，其中最大1 h降雨量约为20年一遇，最大3 h降雨量约为100年一遇，最大6 h降雨量约为50年一遇。据现场调查，“5·22”暴雨造成埔安河流域发生多处严重洪涝灾害。

牧场坑附近大片农地被淹没，翡翠绿洲小区别墅区受灾严重，多间别墅浸水，多处路面积水深度达1 m，小区南门出口积水深度约0.5 m，积水时间最长达9 h。

目前，国内面临山洪灾害防御主要以非工程措施为主，需因地制宜采取外挡、调蓄、自排、抽排等工程措施，开展城乡重点涝区治理。河道上游涝片，依靠现有水库、山塘等调蓄滞洪，根据地形特点疏浚整治河道或新建截洪排水沟渠，实行高水高排。河道中游涝片，根据雨洪遭遇特点，合理采用自排与抽排结合措施防止洪水倒灌。河道下游低洼地区涝片，在充分利用洼地与河涌容积调蓄的基础上，综合运用闸泵措施提高排涝能力。本章根据山洪灾害历时短、峰值大等自身特点，提出以下几点防治工程措施。

6.2.3.1　水库除险加固及防洪能力提升

防洪水库一般分为3种，第一种是滞洪、缓洪型水库，当发生大暴雨过程中，山区性河道集雨范围内水体集中流入河道形成超标准洪水，如果在河道上游建设有防洪水库，对于上游洪水，水库可以起到拦蓄洪峰，并与下游区间洪水进行错峰，这样可以大大减小总的洪峰，有利缓解下游洪水造成的危害。第二种是蓄水水库，该类型水库的库容较大，可以存储水库上游大量的洪水,蓄水时间较长,可根据下游区间洪水形势进行调控。第三种是旁侧式水库,即先通过行洪干流上的控制建筑物分引出洪不到干流外的这种水库滞蓄,一旦干流的主洪峰洪水已通过,再将水库滞蓄的洪水泄入干流。

部分水库年久失修,老化严重,存在溃坝风险,对于此类型水库必须采取水库除险加固措施。对于水库防洪能力的提升,结合具体情况,适当降低溢洪道出口顶高程并增设控制闸门,一方面便于降低汛限水位,另一方面有利于雨后快速腾空库容。同时,增设智能调度系统配合闸门调度,通过下游河道水位监测设施,以河道控制水位作为阈值,对水库泄量进行动态控制。在暴雨前期尽可能做到敞泄,充分利用水库的防洪库容拦蓄洪水。

6.2.3.2 山洪沟治理

山洪沟治理主要是通过实施工程措施,提高重点溪沟段防洪标准。采用"拦、蓄、避、通、护"5 字布置原则,即在山洪沟的关键断面拦截下泄物体、保持河床稳定,保护下游重要设施;在上游和中游利用山塘、洼地滞蓄洪水,削减洪峰;在中游和下游利用撇洪沟、截洪沟、排洪渠将洪水撇向城镇或重要设施下游;在下游保持河道畅通,维持河道过流断面,并修建堤防、护岸。治理规范文件采用《中小河流治理工程初步设计指导意见》等,但与中小河流治理的区别是更加重视消能与防冲,重视河床固定与平稳水流,有目的性地拦挡巨石和树木。水土保持与山洪沟治理可以互相促进,但区别是山洪沟治理投入资金有限,重在重要河段防洪标准的提高,而不是全流域综合治理。

6.2.3.3 分洪工程

分洪工程一部分为三类,第一类是分洪道式分洪工程,主要将原河道的洪水分流入其他河道或者分流入海,以减小原河道的行洪压力;第二类是滞蓄式分洪工程,若保护区附近有洼地、池塘以及湖泊等承泄区,可以将原河道一部分洪水分流至此临时存储洪水,当洪水消退后再将承泄区洪水排入原河道;第三类是综合式分洪,若保护区附近无承泄区,但是下游不远处存在承泄区,则可建立分洪道工程,将原河道部分洪水引入下游承泄区。

对于山洪灾害,往往是由于洪水峰值较大而产生危害,所以对于分洪工程的建设,需要注重排峰而不是排量,在分洪的调度过程中,需要对上游洪水进行实时监控,将原河道洪峰流量进行分流,对于山洪灾害的预防效果达到最佳。

6.2.3.4 其他措施

山洪灾害具有自然和社会双重属性,需要统筹应用自然科学和社会科学方法构建防灾减灾救灾措施体系。从山洪灾变过程和机制分析可以看出,在灾变过程的不同阶段,针对孕灾环境和承灾体采用不同的过程干扰或防治措施,可以实现不同的山洪灾害防治目标。首先需要树立流域防洪理念,强化流域系统治理,逐步推进中小流域防洪规划编制,以小流域为单元,综合采用林草植被恢复、坡改梯、截留沟、蓄水池等水土保持措施,增加流域下垫面雨洪纳蓄能力,减低坡面和沟道汇流速度,进而降低洪峰流量,并结合中小河流、山洪沟防洪治理和护岸等措施,减低山洪危险性。加大对城区内河和山洪沟的治理以及生态基础建设,如基于实际情况,采取护岸及堤防工程、排洪渠、沟道疏浚,在河流两侧建设自然湿地、生态公园等。

6.2.4　城市暴雨内涝防治措施

随着城市快速发展,城区不透水面面积增加,大量工程侵占原有河道以及可调蓄雨水区域,加上雨水汇流时间加快和排水能力不足等因素,导致内涝问题越来越严重。对于城市暴雨内涝防治措施,单一的手段已经很难解决城市内涝问题,目前主要采取的手段为"渗、蓄、滞、排、用"五种类型,针对不同治涝分区,治理手段侧重点不一。根据各治涝分区的特点,需合理确定区域排水治涝体系和布局,并与排涝布局相衔接,做好相应的措施来解决城市内涝问题。

加大城市排水泵站、水闸等传统排涝设施建设的基础上,综合运用新治理理念及技术,统筹治涝与水资源利用,增强土壤下渗与调蓄能力,减少源头产流,畅通排水通道,扩大河湖调蓄容积,切实提高城市排涝能力。大力推进海绵城市与韧性城市建设,积极推广雨水利用设施建设,加大透水性建筑材料与工艺应用,逐步改造现有硬化地面,通过建设下凹式绿地(绿化带)、雨水加大城市排水泵站、水闸等传统排涝设施建设的基础上,综合运用新治理理念及技术,统筹治涝与水资源利用,增强土壤下渗与调蓄能力,减少源头产流,畅通排水通道,扩大河湖调蓄容积,切实提高城市排涝能力。大力推进海绵城市与韧性城市建设,积极推广雨水利用设施建设,加大透水性建筑材料与工艺应用,逐步改造现有硬化地面,通过建设下凹式绿地(绿化带)、雨水公园等措施提高城市雨水调蓄空间。通过对广州市白海面湖及周边河涌水系整治工程、肇庆市星湖水系连通工程等河涌水系整治工程,恢复城市"断头涌",保障排水通道通畅。对难以新建排涝工程的老城区,有条件的可适时开展地下排水工程(如深隧、地下水库等)建设。针对河网区涝水排泄不畅的问题,有条件地区可有序开展"高速水路"建设。

6.2.4.1　提高管网排水能力

管道是城区暴雨最主要最直接的排水通道,城市的建设伴随着管道的建设,但是城市的防涝能力并不是一成不变的,随着城市的发展,其防涝能力会减小,导致原有管道排水能力已经无法满足排水防涝标准,加上堵塞、年久失修等因素,导致管道排水能力进一步降低。针对以上情况,可结合城区的相关规划,增设雨水口及管道,加大管道管径用来提高排水能力,对部分管道进行疏通和维护。

6.2.4.2　优化区域排水布局

在相同排水能力条件下,优化排水布局,能够有效地减少内涝问题。

1. 调整排水路径

城市涝水大部分由管道就近排入河道,部分河道排涝能力不足,受河道水位顶托,管道排水能力较差。在充分分析管道排水能力以及河道排涝能力的情况下,调整管道排水路径,将水排入排涝能力较强的河道。另外,可以结合城市陆域高程以及外江(海)水位的关系,在有利的条件下,将城市涝水直接排入外江(海),既能保证排水的通畅,同时可以减缓内河涌排涝压力。

2. 合理利用城市竖向规划

根据城市竖向规划,如何重新优化区域排水布局,是治理城市内涝的重要手段之一。随着对土地利用的变化,区域的地面高程、坡度以及排水分区都会相应发生变化,结合城区附近的内涝点等,对区域排水进行优化,能够有效缓解城市内涝问题。

6.2.4.3 提高河道排涝能力

对于城市内涝防治问题,排水和排涝本是一体,需要综合考虑。城市暴雨由管道排入河道,大多是具有水头差,根据“重力流”的形式进行排水,当受外江(海)水位顶托时,将可能导致排水不畅或者排水速度减小,因此提高河道排涝能力使排水更加顺畅,有助于防治城市内涝问题。

1. 河道整治

城区路网密集,很多市政道路以及高速公路等修建时间久远,建设过程中并未充分考虑河道的过流能力,导致部分桥梁跨河部分阻水严重。另外,城市河道存在很多暗涵,很多人为垃圾或者施工弃渣等在暗涵内,严重影响河道的泄洪排涝能力。针对以上几点,需对阻水严重的桥梁进行升级改造,同时采用暗涵复明等工程,解决河道过流能力不足的问题。同时,结合防洪排涝规划等,对有条件的河道进行疏浚和拓宽,进一步增加河道的行洪排涝能力,降低河道水位,尽量避免对管道排水产生顶托。

2. 挡潮闸及排涝泵站建设

粤港澳大湾区受潮影响较大,且受台风天气影响显著,容易出现风暴潮和暴雨遭遇,为避免城市区域受外海高潮位影响,建立挡潮闸工程。同时,某些城区联围内总的河涌涌容较小,建设相应的泵站,与水闸进行联合调度,在低潮位时开闸放水,高潮位时采用泵站抽排,降低河道水位。

6.2.4.4 增加滞蓄设施

目前粤港澳大湾区城市内涝治理重排轻蓄,但是治涝问题仅依靠排水是无法解决的,需要考虑采取滞蓄措施,包括蓄水绿地的建设,结合已有的景观池塘、循环水池等修建蓄水水塘等雨水调蓄设施。

6.2.4.5 增加城市渗透能力

广州市城市化率达86.38%,原有的农田、绿地等透水能力强的地面被“硬底化”水泥地面取代,导致雨水无法下渗,汇流时间缩短,洪峰流量加大,使得洪涝灾害更为严重。

增加城市渗透能力,修建绿色屋顶、雨水花园,铺设镂空铺地(如植草砖)以及透水砖、透水沥青和透水混凝土等,公共大陆雨水排放和削减可设置渗排一体化系统。

6.2.5 重要基础设施自我防护措施

防洪标准以及内涝防治标准根据保护范围内的人口、经济等确定,部分区域的防洪标准以及内涝防治标准较低,但是该区域建设有重要的基础设施,其设计洪水频率相对较高。因此,在建设前期,需对该区域的洪水进行充分论证,建设过程中对山洪灾害采取相应的防护措施。

6.2.5.1 防护措施

1. 选址

工程建设之前,选址需要着重考虑,对于所在防护区的防洪治涝体系要充分把握,经详细论证其洪涝风险点,选址尽可能避开易涝点区域。

2. 抬高场平高程

在选址无法避开易涝点区域时，为避免受洪涝灾害的影响，抬高其场平高程是最直接的办法。需根据防护区的防洪治涝体系，分析基础设施建设相应洪水频率的洪水，分析工程建设后建设区域的设防水位，根据其水位和相关设计规范，制定合适的场平高程，对受山洪灾害影响较大的区域，不仅是抬高场平高程，还应做好基础抗冲设计，防治洪水对工程基础的冲刷。

3. 做好自身的排水

对于城市基础设施，不仅要考虑外来洪涝灾害的风险，还需要结合自身的特点，分析自身可能受到的洪涝灾害，分析可能受到的洪涝灾害类型，完善自身的排水体系，做好相应的排水建设，避免洪涝灾害的影响。

6.2.5.2　补救措施

1. 完善防洪、排涝及排水布局

部分基础设施的建设可能会影响所在防护区的防洪、排涝及排水布局，比如某些码头的建设，因其阻水作用，可能导致上游河道泄洪分流比发生变化，增加了其他河道的防洪压力；部分桥梁工程的建设，由于其建设方案受诸多限制，使得需要进行改河工程，河道进行改河之后可能会导致该区域的防洪排涝布局发生相应的变化；某些城市旧改区域，旧改之后可能对整个区域的排涝和排水布局等产生非常大的影响。

针对基础设施的建设，需要做好充分的论证，完善其防治补救措施，报送相应的政府部门获得批准。

2. 对滞、蓄、渗的补偿

城市基础设施的建设，导致原有农田、绿地甚至河道湖泊等透水蓄水能力强的地面被侵占，使得防护区的排水防涝压力增大。根据《广州市建设项目雨水径流控制办法》，规定“建设后的雨水径流量不超过建设前的雨水径流量”“新建建设工程硬化面积达 1 万 m^2 以上的项目，除城镇公共道路外，每 1 万 m^2 硬化面积应当配建不小于 500 m^3 的雨水调蓄设施”“新建项目硬化地面中，除城镇公共道路外，建筑物的室外可渗透地面率不低于 40%；人行道、室外停车场、步行街、自行车道和建设工程的外部庭院应当分别设置渗透性铺装设施，其渗透铺装率不低于 70%”。粤港澳大湾区城市建设可参考上述规定，对滞、蓄、渗进行相应的补偿，减少城市洪涝灾害发生的风险。

6.2.6　各措施之间的协调

对于城市洪涝防御，需要采取多种措施来解决，而各种措施之间可能存在矛盾的关系，需要综合考虑，将矛盾化解。

6.2.6.1　水利枢纽与排水管网的协调

新建有防洪功能的水利枢纽可以提高下游河道的防洪能力，对流域性洪水起到了很好的防护作用，但新建水利枢纽可导致上游蓄水水位的抬升，若库区内存在排水口，会对排水造成顶托甚至洪水倒灌的现象，对城市暴雨内涝防治反而产生了不利的影响。因此，水利枢纽的建设必须要考虑城区的排水，可将水利枢纽建设地点选择在城区的上游位置，或者对排水管网进行改造，既能保证防洪安全，也能解决排水问题。

6.2.6.2 排水布局与排涝布局的协调

在城市排水和排涝过程中,两者互相影响,相互制约,息息相关。对于排水布局的变化,会导致河道承受的排水压力发生变化,影响排涝;对于排涝布局的变化,会导致不同河道的水位发生变化,从而造成排水压力不同。因此,对于排水布局或排涝布局的变化,不能只对其中一方进行分析,需要对两者进行耦合分析,充分论证。

6.3 非工程措施

随着粤港澳大湾区的快速发展,城市对防洪(潮)、排涝、排水的标准要求越来越高,且城市发展相对集中,对解决洪涝问题的工程措施制约因素多,投资高且实施难度大,需结合非工程措施,将两者紧密结合起来。

6.3.1 加强流域联合调度

6.3.1.1 全流域要素统一调度

加强流域水库、山塘、蓄滞洪区、调蓄池、水闸、泵站等各工程设施统一调度。按照优化协同高效原则,加强流域水系全流域系统性调度,有效解决城市防洪、排涝、排水问题。

(1)在充分分析利用河道下泄洪水的基础上,加强流域内跨区域及重点水库防洪调度协调,适时运用水库、山塘、调蓄池拦蓄错峰,蓄滞洪区削峰滞洪,有效应对流域标准内洪水。提前做好受洪潮涝威胁地区人员转移安置,并加强工程监测、巡查、防守、抢险,应对超标准洪水,力保流域内重点保护对象防洪安全,尽可能减轻洪灾损失。

(2)加强防洪排涝工程安全督查,实行台账管理,消除安全运行隐患,确保各工程设施安全运行。

(3)依托智慧水务建设,开展流域、区域、片区智慧化调度,各工程错峰联合调度,综合集成水文模型、河道模型、管网模型等,结合深度学习、大数据分析、耦合模拟及并行计算,提高流域水工程调度的智能化和科学化水平,实现科学调度、自动控制全过程的联调联控,达到"全流域、全要素、全联动"的防洪排涝调度目标。

6.3.1.2 科学精细调度闸泵群

开展闸泵群、可控滞蓄设施等设施精细化调度,提高城市防御能力。

(1)开展粤港澳大湾区流域闸泵群优化调度研究。通过联合调度截流河排涝泵站、节制闸等,保障河道排水通畅,提升排涝能力。

(2)开展可控滞蓄设施联合调度研究。基于管网和各设施实时监测水位数据和远程自动控制,当邻近河道水位较高、管网满流且发生漫溢时,精准地将高峰流量储存于滞蓄设施中,通过开展分散式智能可控滞蓄设施群的联合调度研究,实现各设施联排联调,确保各滞蓄设施水量有序排放,发挥片区消除地面积水和区域排涝河道削峰作用。

6.3.2 监测预警

6.3.2.1 水文站监测

结合城市防洪排涝形势和需求,加强内涝监测站网布设,结合智慧水务、水文站网实施计划，推进水文现代化建设，优化完善水文站网体系，统筹各市水文站网布局，针对现有站网建设存在的布局不均、密度较低问题，对站网进行合理加密，同时升级改造现有水文测站的水位、流量等信息采集和传输设施设备，配置水文测站视频安全监控和远程水位、流量、雨量等信息的视频观测监控装备，形成智慧水文信息服务体系，将粤港澳大湾区水文站网整体纳入智能全域的物联感知体系，为防洪排涝精细化调度提供数据支撑。

6.3.2.2　**完善监控系统**

(1)整合河道、水闸、泵站和堤防等工程设施的视频监视信息，共享接入现有公安、交通、城管等部门在河道管理范围内视频监控系统。

(2)通过在关键点自建视频监控系统，加强对流域内重要水库大坝、河流堤岸、调蓄池的安全监控，加快水闸泵站远程监测及自动化控制系统建设，实现水闸泵站远程智能控制，推进水务智慧管理。

(3)增加滞蓄设施的自动控制系统，实现滞蓄设施的自动蓄排水及联动控制，通过精细化控制削减洪峰，新增滞蓄设施的水位监测及阀泵智能控制设备，控制河道水位，增加暗涵过流能力。当河道或暗涵的水位超过设定水位时，自动打开蓄排池阀门降低外水位，当洪峰过后外水位降到设定水位以下时，自动触发抽水泵工作，将水从排水池抽出外河道以腾空水池。各类监测及控制设备应配备两种以上无线通信网络，以保证网络的通畅，蓄排池应配备管理电房，供控制设备取电，电房配置图像监控摄像头，涉电设施应做好防淹处理，水务管理部门应能根据设备信息及水位数据进行自主控制。

自动蓄排系统布局如图6-2所示。

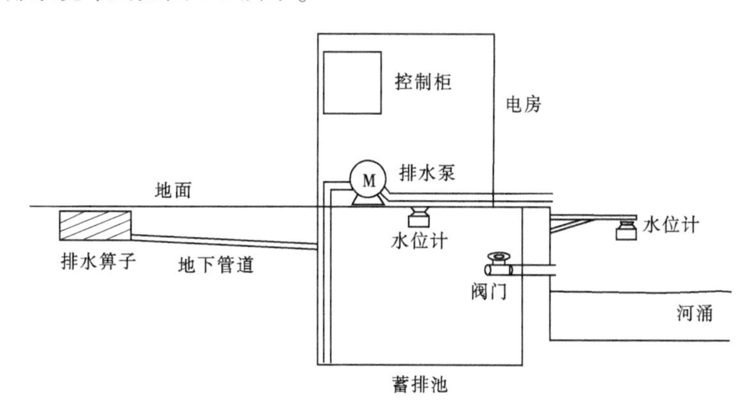

图6-2　自动蓄排系统布局示意图

6.3.2.3　**完善城市内涝感知体系**

(1)综合运用图像识别、窄带物联网、积水感应等先进技术，加强对排水管网、闸门泵站、内涝积水点的智能感知，提高对城市内涝的防御能力。

(2)加强涵洞、隧道等易涝区的地表积水快速感知，加强道路特别是主干道的积水监测，配备一体化微型道路积水监测设备，实现内涝监测与现地报警设备自主联动，保障通行车辆和人员的安全。

(3)加快建立排水综合监测机制，重点针对排水干管、雨水排水管道等设施进行监测，配置一体化物联网监测设备，实现对管道液位、流量等信息的实时获取。通过完善城市内涝感知体系,提升城市内涝模拟预报精度,提升城市应急管理效率。

6.3.2.4 提升信息采集与网络传输能力建设

(1)结合防洪排涝建设工作实际,在已有标准规范基础上,制定洪涝信息采集传输标准,同步推进前端、网络、设备建设标准,规范信息采集、数据存储、数据管理等流程。

(2)提升网络传输相关基础软硬件设施建设,包括机房、服务器、存储设备、网络设备等信息化基础设施,提高信息化整体建设水平,保障数据的稳定性、可靠性、高效性,为防洪排涝指挥决策提供有力的数据支撑。

6.3.2.5 推进大数据开发共享

(1)整合数字城管、数字市政、交警路况监控等资源,水情、工情和水质等信息通过无线网络接入物联网及业务平台,视频信息通过光纤接入视频云监控平台,全面提升防汛指挥调度、应急管理的信息化、自动化、智能化水平,提高防汛应急工作效率。

(2)构建城市洪涝大数据分析平台,采用大数据技术对降雨数据、积水数据、排水管网数据、地形数据、排水设施数据、降雨预报、舆情信息等相关数据进行分析挖掘,利用分布式并行计算技术提高挖掘算法的处理效率,推动建设集查询统计、信息共享、分析预警、维护更新、辅助决策等功能于一体的应用体系,构建互联互通的综合应用型大数据分析平台,提升城市洪涝的快速分析预警预报能力。

6.3.3 预报预警

6.3.3.1 加强防洪减灾预报预警建设

(1)提升短历时极端暴雨灾害天气预测预报精度,积极开展对极端天气气候事件背景原因、演变规律和灾害影响的研究和预报,充分利用卫星、雷达等手段,加强对极端天气气候事件的监测、前期异常信号的判断和识别,创新极端天气气候事件预报方法,不断提高预报准确率。

(2)基于雨情、水情、工情监测站网,各市加强与广东省、珠江委在防潮、防台风方面的预警预报合作与交流,建设洪涝监测预警、联防联控和应急调度系统,提升防洪防涝预警能力和防洪防潮减灾应急能力。

6.3.3.2 加快城市洪涝风险滚动预报及三维展示系统建设

综合运用水力学模型及大数据挖掘技术建立洪涝模型,通过耦合降雨数值预报,实现洪涝风险的滚动预报。综合利用三维 GIS 技术、动态演示技术、快速实时演进及淹没仿真技术,在信息化平台中模拟洪水动态淹没过程,基于流域三维场景展示洪水的涨退水过程及淹没范围,结合社会经济数据进行洪水风险评估,提升洪涝灾害快速分析决策能力。

6.3.4 强化监管体系

按照水利行业强监管的要求,深化创新河(湖)长制,完善河道管理法律规程,结合城市更新,加强城市规划建设管理,强化涉河建设项目管理,完善水土保持监管,加大监督管理力度,构建全方位全过程监管体系。

6.3.4.1 加强城市规划管理

(1)加强城市规划与建设管理,重视城市平面和竖向控制。建议市规划和自然资源局在编制国土空间规划过程中,协调各专业规划,在规划中融入排水大系统概念,适当降低公共绿地、操场、次要广场等可淹没地块标高,允许暴雨期临时积水等手段,以保证调蓄水量的需要,并通过控制道路、建设用地地块的控制高程。建议市交通运输局在相关规划中有意识地将部分次干道路向河道组织,利用道路等作为超标准降雨下雨水行泄通道,确保遭遇超标准暴雨时,城市主要道路通畅、工矿企业与居民区等不积水,严格建设用地竖向标高控制,加强沿河道路管理,大暴雨期间道路积水应就近散排入河道,加快道路积水排放,避免产生内涝。市政道路在建设中若抬高地势,要预留出水口或配套建设排水泵站。

(2)建议市城市更新和土地局在城市更新中统筹考虑防洪排涝、有空间的地段应新开河道或结合地势新开人工湖,城市更新或新开发建设必须确保防洪(潮)排涝建设同步进行。市城市更新和土地局及市水务局应严格监督各项开发建设项目,确保防洪排涝设施同步建设、同步验收。

6.3.4.2 强化涉河项目监管

强化涉河建设项目监督管理,确保河道防洪排涝安全。严格涉河建设项目前期技术审查和行政审批,降低涉河建设项目对河道行洪影响,强化流域管理机构对涉河建设项目事中、事后的监督检查,在“放管服”改革基础上,完善“双随机、一公开”动态化监管模式,探索基于“互联网+大数据”的监管新方法。

6.3.4.3 加强水土保持监管

强化水土保持监管能力,建立完备的水土保持监管制度体系。运用遥感等高新技术手段开展监测,推进生产建设项目“天地一体化”和水土保持重点工程“图斑精细化”监管,落实水土流失防治监管责任与措施,积极采取各种水土保持措施,有效防治水土流失,特别加强施工过程中的水土流失治理,避免河道和暗渠淤积,确保汛期防洪排涝安全。

6.3.5 加强防洪风险管控

6.3.5.1 完善更新洪水风险图

以现有洪水风险图为基础,进一步开展重点区域、水库工程的洪水风险图和内涝风险图编制及应用,适时更新洪水风险图,服务国土空间规划,在制定空间规划和经济社会发展规划过程中,充分考虑洪、潮、涝水及风暴潮的风险,合理制定土地利用、产业布局,加强防洪风险管控。

6.3.5.2 制订完善应急预案

(1)完善流域洪水调度方案。一是划定主要河流防洪警戒水位。结合水文站网建设、河流流域面积、河道防洪能力及区域社会经济条件等,划定主要河道防洪警戒水位、抢险水位等。二是编制流域洪水调度方案。基于现状河道行洪、水库调蓄洪水、蓄滞洪区或规划保留区行蓄洪水、分洪道分洪运用,堤防扒口分洪或放弃防守或临时抢筑子堤,节制闸、退洪闸、挡洪(潮)闸调节洪水,编制各流域洪水调度方案。

(2)编制极端天气暴雨洪水应对方案。分析极端天气下各流域水系的险工段和高风险淹没区分布,结合险工险段、高风险淹没区域,编制极端天气暴雨洪水应对方案,做好防御洪涝应急抢险的技术支撑工作与汛期重要水工程调度工作,提高应急快速反应和处理能力,最大限度减免人员伤亡和财产。

6.3.5.3 健全应急处置机制

建立健全洪、涝、潮水重大风险应急处置工作机制。落实防汛责任制、完善防汛物资储备、加强水务行业抢险救灾队伍建设、持续完善防洪排涝工程体系,强防灾信息传送与防灾减灾宣传、舆论引导和模拟演习,加强行业管理引导市民增强自救意识、用极端思维应对极端天气,坚持一级抓一级、层层抓落实,提高应对和救援能力,着力防范化解风险,维护经济和社会稳定。

6.3.5.4 探索洪涝保险机制

认真贯彻《国务院关于加快发展现代保险服务业的若干意见》。通过洪水保险,遭遇洪涝灾害能及时得到补偿,设立洪涝风险基金,丰富防洪减灾的资金来源,并妥善管理基金,合理运营基金投资,充分发挥保险在防汛工作中的风险管控、经济补偿、矛盾化解作用,争取最大回报,减轻城市的救灾经济压力,大大提高城市抗灾救灾能力。

建议城市管理和综合执法局、水务局、应急管理局、财政局等部门深入研究洪涝保险体系。借鉴美国洪水保险计划、飓风保险计划、新西兰的地震保险计划,在洪涝保险领域先行先试,发挥保险功能,通过政府财政、保险赔付、巨灾基金等各司其职,既保障政府财政稳定,又运用商业保险机制进行风险分散。

6.3.6 超标准洪水防御

6.3.6.1 超标准洪水防御策略

对于超标准洪水的防御,应遵循的基本原则是:以人为本,全力救援;统一指挥,统一调度,调动全社会力量投入防洪抢险斗争;以防为主,防抢结合;全面部署,保证重点。防御超标准洪水的主要策略如下:

(1)当气象局预报未来 24 h 内将发生短时强降雨、台风将在未来 24 h 在粤港澳大湾区登陆,即将发生超标准洪水时,宣布进入防汛紧急状态,各部门进入抢险状态。

(2)各级三防指挥机构和承担防汛任务的部门、单位,根据江河水情和洪水预报,按照规定的权限和防御洪水方案、洪水调度方案,调度运用防洪工程,调节水库拦洪错峰,开启水闸泄洪,启动泵站抢排,启动分洪河道行蓄洪水,清除河道阻水障碍物、临时抢护加高堤防增加河道泄洪能力等。在紧急情况下,按照《中华人民共和国防洪法》有关规定,区级以上人民政府三防指挥机构宣布进入紧急防汛期,并行使相关权利、采取特殊措施,保障抗洪抢险的顺利实施。

(3)灾后在政府的统一领导下,恢复生产,开展生产自救。积极筹集调运救灾物资,妥善安排群众生活,及时解决生产、生活困难。对洪水灾害实事求是地进行估算,开展物资劳资的征用补偿、蓄滞洪区补偿,统筹社会捐赠和救助管理,开展保险赔偿,并积极筹集资金,修复水毁工程。

6.3.6.2 应急组织

各市防汛防旱防风指挥部(简称市三防指挥部)为全市防汛工作的指挥机构,在市委、市政府和上级防汛指挥机构指导下开展工作,由市政府分管副市长和指挥部成员单位负责人组成。指挥部成员由解放军、武警部队,市委市政府相关部门、相关骨干企业组成。

各区设立三防指挥部,负责本行政区域的防汛抢险救灾。有防汛抢险救灾任务的各成员单位成立专门防汛组织,负责本单位、本系统防汛工作。

6.3.6.3　超标准洪水应对方案

1. 预防预警

气象局预报未来24 h内将发生短时强降雨、台风(强台风及以上级别)将在防护区域50 km半径范围内登陆。各单位按照极端天气防御预案规定等有关文件要求,做好各项防御准备工作。

2. 应急响应

当预测预报可能或已经发生以下情况之一时,由总指挥结合实际情况决定是否启动:

(1)预报(实测)降雨量较大时,市气象局发布暴雨红色预警信号。

(2)降雨导致小型、中型水库即将发生溃决或坍塌险情时。

(3)等某一流域干流预报(实测)达到超过设计洪水位时。

(4)发生非常严重的内涝灾情,城区大面积受淹时。

(5)台风(强台风及以上级别)将在未来6 h在50 km范围内登陆。

当极端天气灾害得到有效控制时,由决定启动应急响应的三防指挥部宣布应急响应结束。市水务局根据三防指挥部宣布后,同步宣布应急响应结束。

3. 重点水务设施应急防御

各成员单位依据最新的风情、雨情、灾情,对重要堤防险工段、重要排涝泵站及重点保护场的临时加高、加固措施的运行情况进行评判,依据抢险措施的运行状况、气象预报、雨情、灾情的发展趋势及专家的建议,及时、合理地调整应急抢险方案;密切关注各水利设施,特别是位于低洼区排涝泵站的运行状况,一旦出现险情,应立即组织人员抢险,并上报市三防办。

4. 重要场所应急防御

1)城市地下场所

地铁站、地下商场、地下车库等地下场所属于积水内涝高风险区域,在准备应急防御响应指令发布后,场所的管理单位应立即对地下场所内部人员进行清空转移,封闭入口,相关管理单位自备沙袋,在进出口垒堆沙袋进行封堵,避免洪水倒灌,同时还需配备抽水水泵、救生衣、橡皮艇、照明设施等设备,以防万一。管理单位需安排专人在保证人身安全的前提下进行24 h值守,一旦发生险情,立即向当地政府部门报告并采取抢险措施。相关防御措施在应急响应指令解除后方可撤销。

2)人流密集场所

针对机场、高铁站、公路、铁路等交通枢纽中心,机场、铁路、交通部门在准备极端天气指令颁布后应向乘机、乘车人员发放通知,必要时暂停运输,做好机场、车站内人员疏导安置,预置沙袋、抽水水泵、救生衣、橡皮艇、照明设施等设备,以及饮用水和食品等必要物资。对于商场、广场等人流聚集地,参照地下场所防御要求,在准备应急响应指令颁布后对内部人员进行清空转移并安排抢险救灾人员和物资,做好值班值守工作。

5. 人员转移与安置

1）人员转移

人员撤退、转移和安置的情况来自两方面：一是遭遇强台风、风暴潮袭击或出现异常高潮位，当河道、海堤等重点防洪、防潮区域发生重大险情，即将威胁周边和下游人民群众的生命财产安全时，出险区域管理单位要第一时间向主管部门和市（区）三防指挥部报告并发出人员转移申请，同时协助地方政府做好受影响区域人员转移的准备，明确人员转移方案。二是当市区陡降特大暴雨，造成低洼地区严重积水受淹，已危及群众生命财产安全，居住区范围内深度涝水短时内无法排出时，由所在地区级政府或防汛部门统一指挥撤离工作，低洼地区的居民迅速转移到高地或本地区的学校、机关以及各区确定的临时避难场所。

转移人员包括：危旧房屋住户，出海船只及海上作业人员，山体滑坡、泥石流等地质灾害隐患点影响区域居住人员，易被大风吹倒的构筑物、高空设施及在建工程附近的人员，简易建筑、工棚和低洼易涝区域人员，各类交通工具司乘人员、行人、游客等户外人员，居无定所人员。

2）人员安置

人员安置按就近原则实施，以社区为工作单元，各社区负责集中收拢辖区内转移对象，按拟定路线转移至指定的避险场所。各社区设责任人与联络员，负责人员收拢指挥与联络。避险场所设责任人与联络员，负责人员接收工作指挥与联络。武警、公安等部门负责维持现场秩序。

当辖区内避险场所不足以容纳需转移人员时，由当地政府（办事处）报请上一级政府，组织人员往外转移。

人员转移去向为民政、建设部门核定后公布的避险中心以及不易受暴雨侵害的安全坚固场所。

6. 灾后处置

1）灾后救治

灾后在市政府的统一领导下，恢复生产，开展生产自救。对洪水灾害实事求是地进行估算，开展物资劳资的征用补偿、蓄滞洪区补偿，统筹社会捐赠和救助管理，开展保险赔偿。

积极筹集调运救灾物资，妥善安排群众生活，及时解决生产、生活困难。由市应急管理局统筹安排，并负责捐赠资金和物资的管理发放工作。蓄滞洪区运用后由地方人民政府按照《蓄滞洪区运用补偿暂行办法》和相关规定予以补偿。

按照保险等有关保险规定，组织开展理赔。如家庭、个人或企事业单位购买了自然灾害险商业险种，保险公司应及时按章理赔。

2）水毁工程修复与灾后重建

灾后工作在市政府统一领导下，由各市三防指挥部具体部署，召开成员紧急会议，部署、协调有关救灾工作，迅速收集、核实、汇总灾情，研究并采取措施对出现险情的工程进行加固，消除隐患。

重点排查水库、河堤、大中型排涝泵站、水闸、供水设施的受灾及安全隐患，组织、协调各部门采取有效措施消除隐患,对受损的水利设施尽快修复,早日恢复安全生产秩序。各排水设施运营单位、流域管理单位及各水务局积极配合市水务局的工作,并对管辖范围内的灾情进行汇总、上报,积极开展灾后重建工作。

3)防汛物资补充

针对抢险物资消耗情况,按照分级筹措和预案要求,及时补充到位。对影响防汛安全和关系人民群众生活、生产的工程应尽快修复,对防汛通信设施应及时修复。

4)灾害评估

对极端天气工作进行评估,总结经验和教训,提出下一步需完善工作,为后期做好极端天气防御工作打下基础。

组织专家分析暴雨洪水的主要特性,论证极端天气成因及规律,派出专业人员就极端天气对全市水务工程的影响进行调查、评估,绘制受灾淹没分布图,估算受灾经济损失。

6.3.6.4　减灾基础支撑建设

1. 预案修编增编

各级三防部门、三防指挥部成员单位、水库、河道、排水管网管理等三防工程管理单位每年汛前对预案进行修编、完善并及时公布,增强预案的针对性和可操作性;同时结合实际,开展预案演练和培训。重要防洪设施、大型在建工程、重大工程设施、重点度汛项目等责任单位分类编制度汛预案或专项预案,注重与市防汛预案建立科学衔接机制,不留空当。按照超标准洪水防御预案编制对象,分以下类型进行预案编制:

1)城市

修编全市建成区的超标准洪水应急预案,推动各区超标准洪水防御预案编制。

2)河流

重要支流单独进行超标准洪水防御预案编制。

3)水库

主要修编大中型水库超标准洪水防御方案。

4)蓄滞洪区

对于重要蓄滞洪区编制超标准洪水防御预案。

预案编制后,及时报市应急管理局及上级主管部门备案,市三防指挥部根据气象、水文预警级别和灾害程度,启动相应级别的应急响应(各级应急响应与黄色暴雨预警信号同步启动或解除)。

2. 洪水风险图修编增编

按照2020年水利部、广东省超标准洪水防御工作要求,超标准洪水防御预案编制,要求当发生超标准洪水时,运用洪水风险图成果,分析研判可能造成的灾害范围和程度,为支撑各类超标准洪水防御预案编制,结合现有工作基础,分步推进超标准洪水风险图编制。

3. 灾情评估系统建设

根据各市社会经济情况、水利工程情况等基本资料,建立适合本地区的灾害评估系统,由综合信息、灾前评估、灾中评估、灾后评估和系统管理模块组成,通过实时获取雨水情数据,快速进行各阶段评估。为评估分析各市洪涝灾害灾情提供技术手段,对洪水灾害实事求是地进行估算,精准进行灾前、灾中、灾后评估,为防汛减灾决策、补偿、理赔等提供依据,也为洪水风险图编制和抗灾效益分析积累资料。系统功能结构见图 6-3。

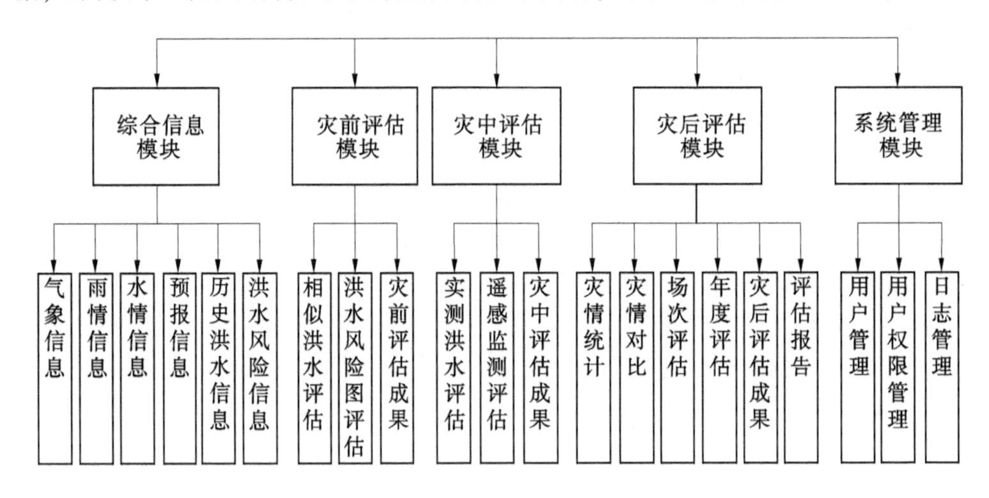

图 6-3　系统功能结构

6.4　小　结

本章主要结合粤港澳大湾区所处地理位置,考虑流域特性、气候、地形等,分析洪涝灾害产生的类型,针对不同的洪涝灾害提出相应的防护措施以及城市基础设施建设自身需要考虑的洪涝防护及补救措施,并根据各种措施之间存在的矛盾提出解决办法。最后,从洪水管理的角度提出洪涝防治的非工程措施,结合工程措施为粤港澳大湾区的洪涝防治做相关参考。

第7章 实例分析

7.1 车辆基地

7.1.1 工程概况

以姬堂停车场为例,姬堂停车场位于广州市黄埔丰乐北路东侧,石化路南侧,北邻广州石化乙烯厂。地块长约1 200 m,宽约160 m,停车场用地面积约12.35 hm^2。场址地势东高西低,停车场范围内现状地面标高13.0~20.5 m,东侧石化路标高19.8~20.8 m,场址附近河渠有青年圳和连塘渠,场址范围地势较高,河渠下游洪水对其影响较小。姬堂停车场用地卫星图与用地规划见图7-1。

(a)卫星图

(b)用地规划

图7-1 姬堂停车场用地卫星图与用地规划图

7.1.2 计算思路

考虑到姬堂停车场地势较高,不受下游回水顶托影响,设防水位计算参照水库调洪演算模型计算。

7.1.2.1 入库洪水

1.计算方法

入库设计洪水按"多种方法、综合分析、合理取值"的原则,以《广东省暴雨径流查算图表》及《广东省水文图集》为基础,分别采用"广东省综合单位线法""推理公式法"两种方法计算,最终采用综合单位线法成果。

2.设计暴雨

采用广东省水文局2003年《广东省暴雨参数等值线图》,分别查出各河流流域中心

点 t=1/6 h,1 h,6 h,24 h,72 h 的时段雨量均值 H_t(mm)和变差系数 C_v 值,及各个设计频率下不同 C_v 值所对应的P-Ⅲ型曲线系数 K_P 值,然后计算得到设计暴雨,成果见表 7-1。

表 7-1 主要内河涌设计暴雨计算成果（单位:mm）

时段		72 h	24 h	6 h	1 h	10 min
均值		176	138	100	60	22.5
C_v		0.40	0.40	0.40	0.38	0.38
C_s/C_v		3.5				
K_P	0.5%	2.53	2.53	2.53	2.43	2.43
	1%	2.31	2.31	2.31	2.23	2.23
	2%	2.08	2.08	2.08	2.02	2.02
	5%	1.775	1.775	1.775	1.733	1.733
设计点暴雨(mm)	0.5	445.3	349.1	253.0	145.8	54.7
	1%	406.6	318.8	231.0	133.8	50.2
	2%	366.1	287.0	208.0	121.2	45.5
	5%	312.4	245.0	177.5	104.0	39.0

3. 流域特征参数

流域特征参数由 1/10 000 地形图量算,本次根据工程区域地形区域分停车场与出入段两个片区计算,成果见表 7-2。

表 7-2 本工程地理参数成果

河流	集雨面积(km²)	河长(km)	坡降 J(‰)
停车场(青年圳)	2.46	2.90	14.40
出入段(莲塘渠)	2.18	2.97	12.20

4. 入库洪水过程

停车场与出入段两片区入库洪水过程如图 7-2、图 7-3 所示。

7.1.2.2 水位库容

水位库容采用基于不规则三角形数字地形模型的水库库容计算,其计算思路如下:利用野外实测的地形特征点(离散点)构造出邻接的三角形网,由三角形各顶点向计算高程面引垂线与相应水位所在水平相交,从而将水库库容划分为若干连续的三棱锥柱单元(见图 7-4)。运用三棱锥柱计算公式[式(7-1)]求得到各三棱锥柱体积,累加后得某一水位的库容[式(7-2)]。

$$V_i = \frac{Z_1 + Z_2 + Z_3}{3} \times S_3 \tag{7-1}$$

$$V = \sum_{i=1}^{n} V_i \tag{7-2}$$

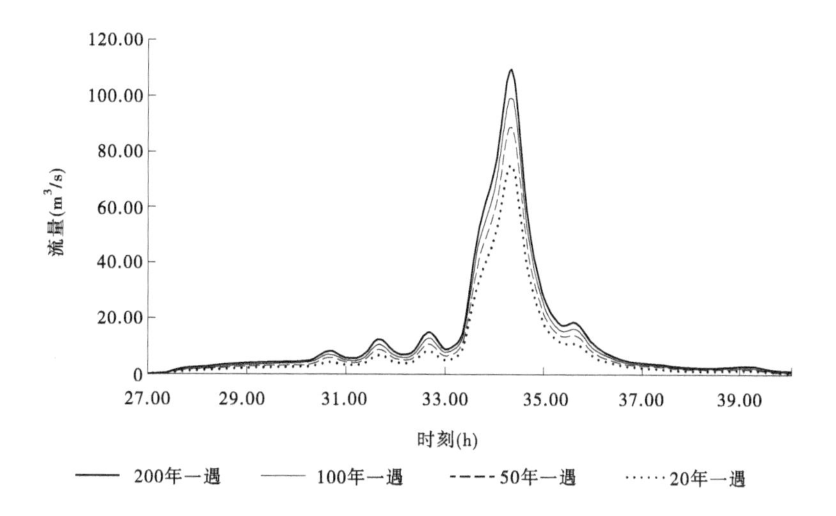

图 7-2　停车场(青年圳)入库洪水过程

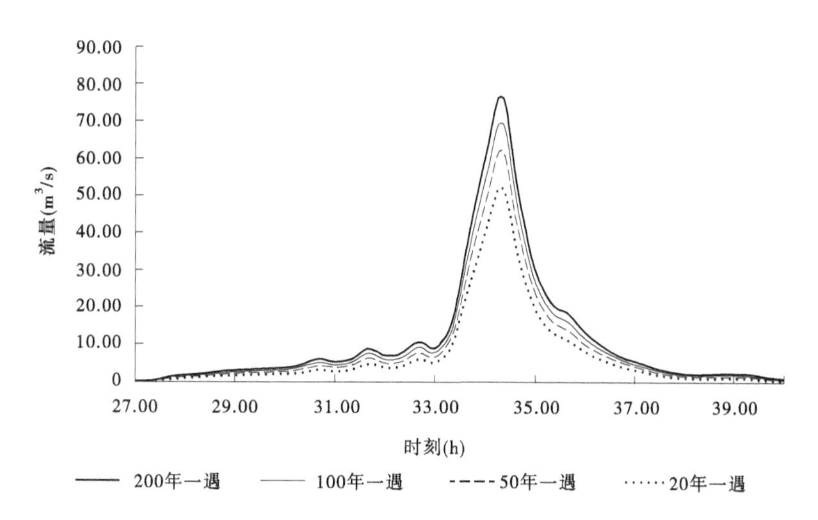

图 7-3　出入段(莲塘渠)入库洪水过程

本次根据 1/10 000 及 1/2 000 地形图高程点构造出邻接的三角形,并组成不规则三角网结构,再由上述计算方法确定水位容积。工程区域水位—容积关系曲线见图 7-5、图 7-6。

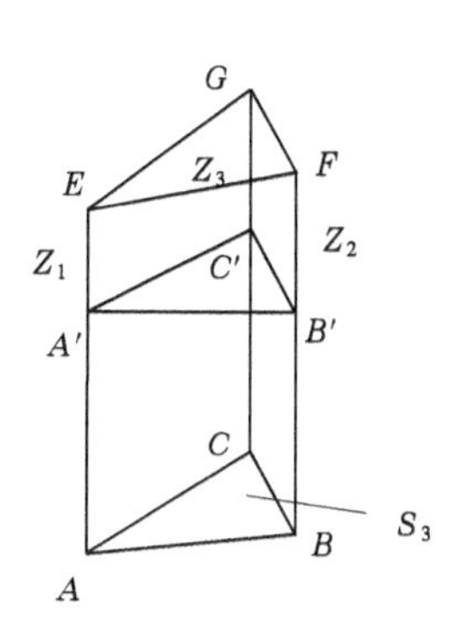

图 7-4　DTM 容积计算模型

7.1.2.3　水位泄流

工程附近河道相对规整、顺直,且出口回水影响较小,水流基本具备明渠均匀流条件,水位计算采用水力学明渠均匀流谢才公式进行。工程区域水位—泄流关系曲线见图 7-7、图 7-8。

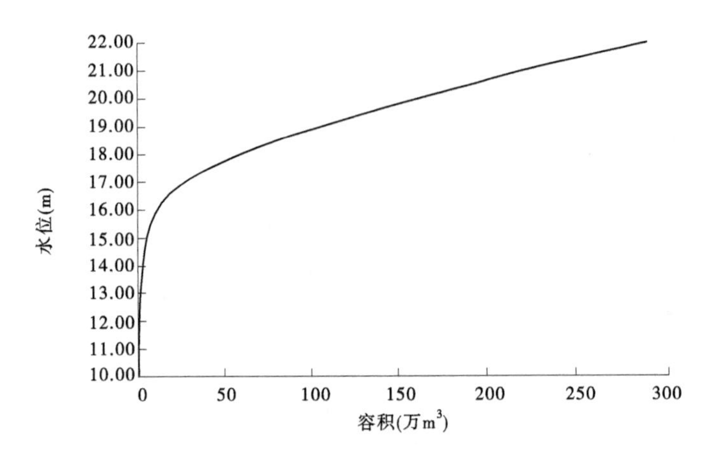

图 7-5 停车场(青年圳)泄流水位—容积关系曲线

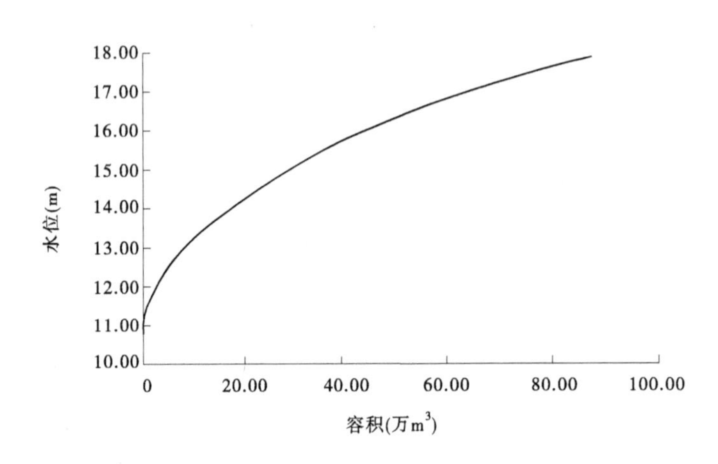

图 7-6 出入段(莲塘渠)泄流水位—容积关系曲线

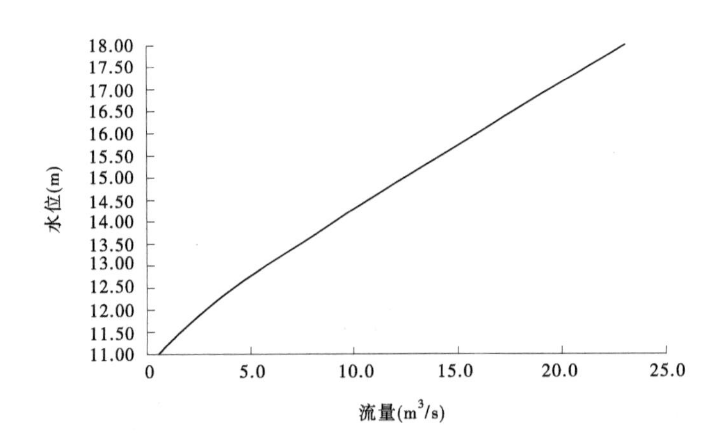

图 7-7 停车场(青年圳)水位—泄流关系曲线

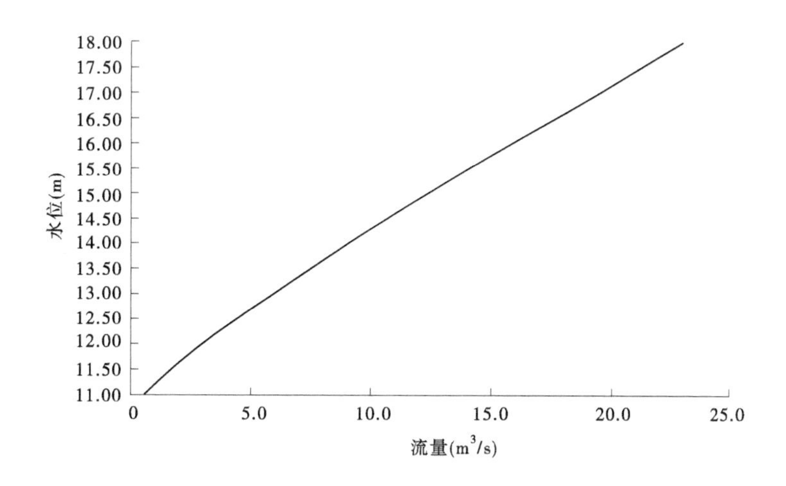

图7-8 出入段(莲塘渠)水位—泄流关系曲线

7.1.3 计算成果

水库调洪演算模型计算得到姬堂停车场及出入段设计水位,计算成果见表7-3,经综合比选推荐合适的排水工况的。

表7-3 设计内水位成果

工程区域	设计水位(m)			
	5%	2%	1%	0.5%
停车场	16.58	16.83	17.00	17.15
出入段	14.46	14.92	15.26	15.55

7.2 地面车站1

7.2.1 工程概况

珠三角城际轨道交通新塘经白云机场至广州北站工程线路位于广州市的东北部,起自穗莞深城际新塘站,经增城开发区、镇龙、中新知识城、竹料,在竹料站与广佛环线接轨,共线引入白云机场,之后经花山至广州北站(不含),线路运营长度78.981 km。本项目涉及车站较多,本次仅以低丘区内涝控制的增城开发区站和镇龙站等站点加以论述。

7.2.1.1 增城开发区站

增城开发区站位于广东省广州市增城区永宁街镇,具体位于新新大道路中,毗邻规划的广州地铁6号线。车站为地面站,站位范围内多为城镇居民区、商业区。车站上行方向毗邻新塘站,下行方向与荔湖城站相邻。增城开发区站址地理位置如图7-9所示。

图 7-9 增城开发区站址地理位置

7.2.1.2 **镇龙站**

镇龙站位于广东省广州市萝岗区九龙镇镇龙村,为地面站。车站右端靠近广汕公路,交通便利。站位范围内主要占用广州优氏工艺品有限公司和空地、林地和水塘。

7.2.2 计算思路

建立平面二维水动力模型,通过模型计算得到各车站出入口、区间风井等位置各级频率下的设计内涝水位值,并综合考虑地形和城市规划等推荐设防水位。为预留安全余度,本次二维模型计算不考虑管道排水,即设计暴雨完全蓄滞在排涝分区范围内的最不利工况。

7.2.2.1 **计算条件**

1. 边界条件

边界条件分为上边界条件、下边界条件和内边界条件。上边界一般由流量过程线控制,下边界条件由末断面的水位过程线控制,内边界条件是以某一断面的水位流量关系控制,本项目仅涉及上边界和下边界条。

2. 初设条件

初设条件是指初始时刻计算域内各网格节点的水位和流速,本工程计算按干地考虑。

3. 计算时间步长

计算时间步长的取值是根据网格尺寸、水深值和流速等因素确定,为确保计算成果的精度,时间步长不宜大于 30 s。

4. 糙率

本次计算糙率参照天然河道取值,取 0.033。

7.2.2.2　地形资料

计算采用最新实测的 1∶10 000 及 1∶2 000 地形图。

7.2.2.3　设计流量

1. 排水分区

本书仅表述两个车站，其排水分区见表 7-4。

表 7-4　站点各地类面积统计

站点	面积(km^2)			
	建成区	绿地等	水面	合计
镇龙站	0.13	0.80	0.14	1.07
增城开发区站	0.38	0.63	0.02	1.03

2. 设计暴雨

计算无资料地区设计洪水，需计算各河流不同设计频率下的暴雨。采用广东省水文局 2003 年《广东省暴雨参数等值线图》，分别查出各河流流域中心点 t = 1/6 h、1 h、6 h、24 h、72 h 的均值 H_t 和 C_v 值，及各个设计频率下不同 C_v 值所对应的 $P_{Ⅲ}$ 曲线 K_P 值和点面雨量转换系数。设计暴雨计算成果见表 7-5。

3. 洪水过程

由于本工程各站点地势平坦、集雨面积较小，地类包括城建区、绿地、水面等，各工点面积较小，排水路径短，产汇流时间较短。本次根据车站所在排水区地类组成，采用不同径流系数 r（水面 r = 1，草地 r = 0.7，建成区 r = 0.9），将设计暴雨过程折算为设计洪水过程。各站点 100 年一遇设计洪水过程成果见表 7-6。

表 7-5　设计暴雨计算成果　（单位：mm）

时段		72 h	24 h	6 h	1 h	10 min
均值		183	142	101	54	23
C_v		0.45	0.45	0.43	0.4	0.4
C_s/C_v		3.5				
K_P	1%	2.52	2.52	2.44	2.31	2.31
	2%	2.25	2.25	2.18	2.08	2.08
	5%	1.882	1.882	1.839	1.775	1.775
X_P	1%	461.2	357.8	246.4	124.7	53.1
	2%	411.8	319.5	220.2	112.3	47.8
	5%	344.4	267.2	185.7	95.9	40.8

表 7-6　各站点 100 年一遇设计洪水过程成果　（单位：mm）

时段(h)	设计流量(m^3/s)		时段(h)	设计流量(m^3/s)	
	增城开发区站	镇龙站		增城开发区站	镇龙站
1	0.25	0.35	13	1.6	2.29
2	0.48	0.68	14	1.29	1.84
3	0.59	0.85	15	1.45	2.08
4	1.45	2.08	16	0.91	1.3
5	1.76	2.53	17	0.89	1.27
6	1.86	2.67	18	0.79	1.13
7	4.31	3.53	19	0.53	0.76
8	6.56	5.38	20	0.53	0.76
9	7.79	6.39	21	0.41	0.59
10	31.9	26.4	22	0.66	0.94
11	6.88	5.64	23	0.59	0.85
12	5.89	4.83	24	0.44	0.64

7.2.3　计算成果

建立平面二维水动力模型，通过模型计算得到各车站出入口、区间风井等位置各级频率下的设计内涝水位值，各站点 100 年一遇设计洪水过程成果见表 7-7。

表 7-7　各站点 100 年一遇设计洪水过程成果　（单位：mm）

桩号	站点	水位(m)		说明
		不考虑排	考虑排	
右 DK100+702	荔湖城站	46.53	46.26	本次计算求得的水位 41.10 m，低于拟建车站周边地面高程，设计水位考虑地面高程并按一定的超高取值
右 DK104+920	增城开发区站	19.05	18.52	

增城开发区站及镇龙站 100 年一遇洪水淹没情况见图 7-10、图 7-11。

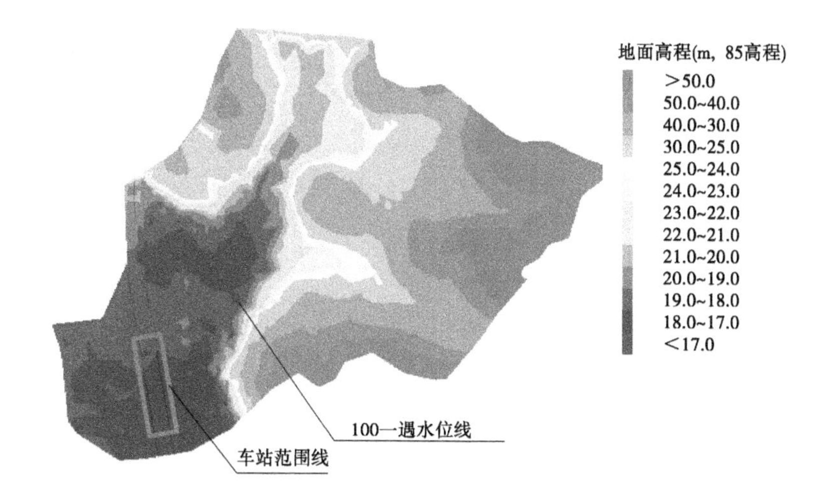

图 7-10　增城开发区站 100 年一遇洪水淹没示意图

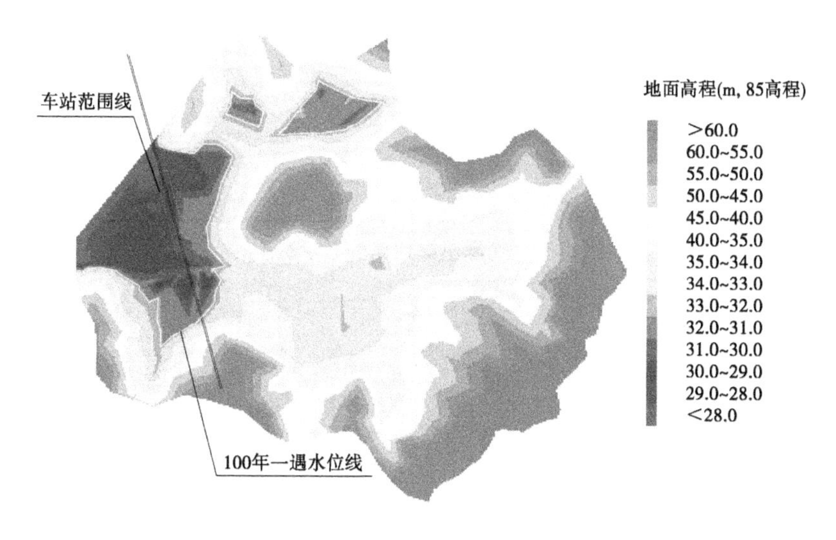

图 7-11　镇龙站 100 年一遇洪水淹没示意图

7.3　地面车站 2

7.3.1　工程概况

飞霞山站位于白庙围内，站址附近地势较平坦，工程位置处高程为 15.1 m，其北侧和西侧地形较高，东侧和南侧地形较低。白庙围集雨面积相对较小，且工程附近文洞河、峡山截洪渠以及北江堤防均未达到 100 年一遇防洪标准，因此本次水位分析需考虑内涝以及溃堤的影响。

飞霞山站地理位置见图 7-12。

飞霞山站附近遥感影像及地图见图 7-13、图 7-14。

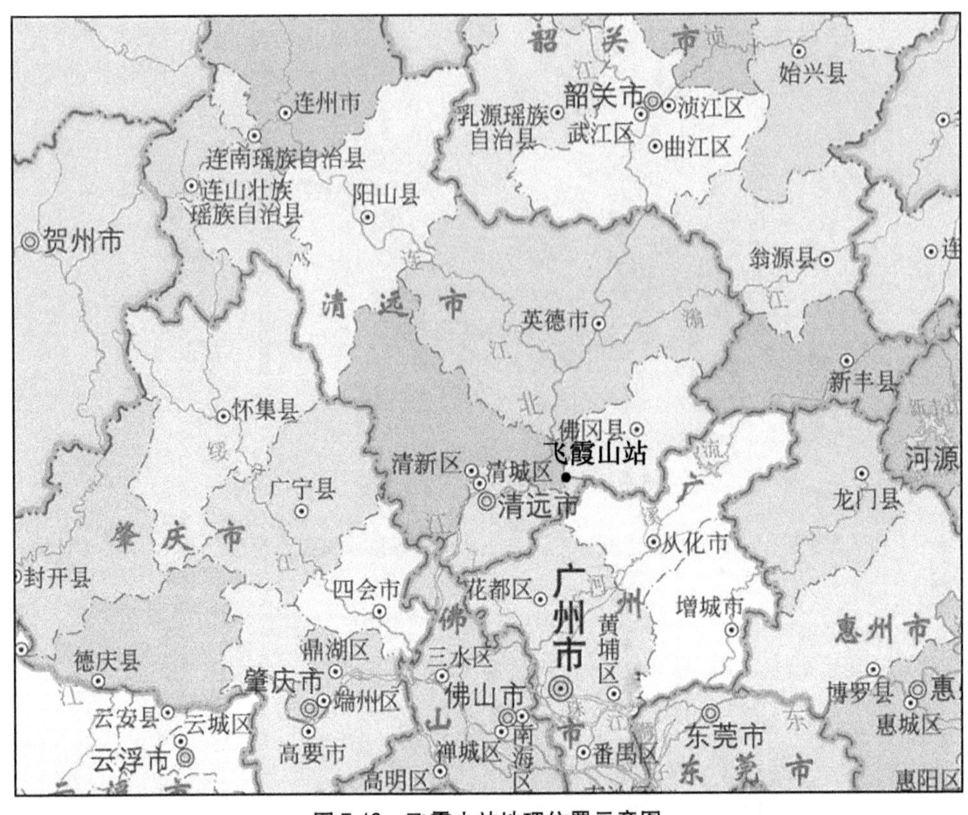

图 7-12　飞霞山站地理位置示意图

图 7-13　飞霞山站附近遥感影像

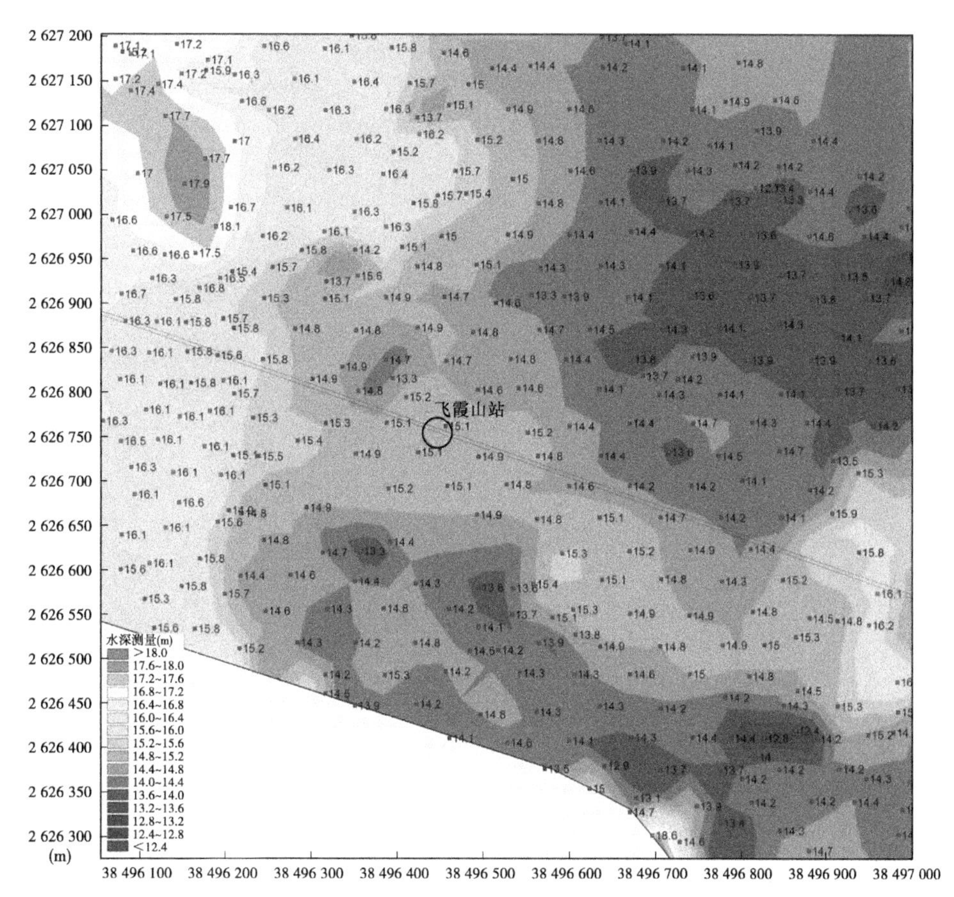

图 7-14　飞霞山站附近地形

白庙围堤防分布见图 7-15。

7.3.2　计算思路

7.3.2.1　计算方法

为了分析飞霞山站根据工程所处的排涝分区和附近的水系概况，需搭建溃堤模型分析计算方法及其设计水位。

7.3.2.2　溃口选取

参考历史溃堤点选取对飞霞山站溃堤水位最不利位置，最终选取文洞支堤新桥段以及白庙围干堤（长丰村）两处溃口位置，见图 7-16。

7.3.2.3　溃口参数

考虑到最不利条件，本工程仅考虑溃口处瞬间全溃的溃堤过程，此时溃口处洪水流速较大、影响较严重。溃口形状选择矩形，溃口底高程溃至与堤防背水侧堤脚位置地面高程齐平，这种形式淹没影响最大，对工程区域淹没最为不利。

根据计算，北江溃口宽度为 342 m；文洞河溃口宽度为 45 m。

7.3.2.4　基本假定

(1)起溃水位：文洞河左岸溃口处堤防防洪标准为 10 年一遇，北江右岸溃口处堤防

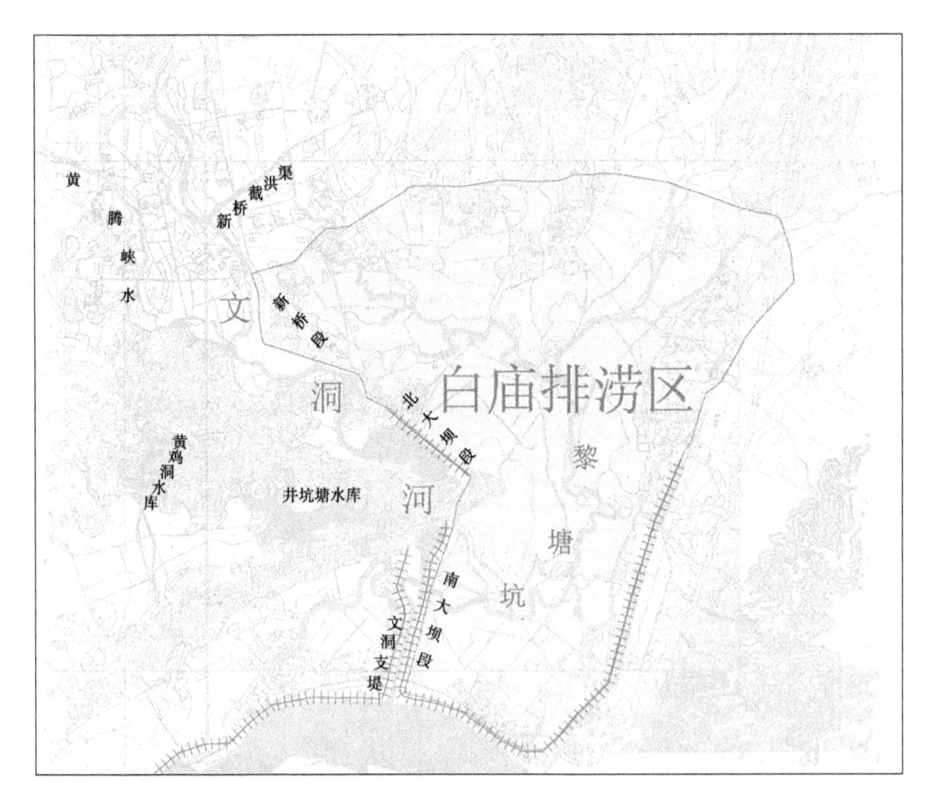

图 7-15　白庙围堤防分布

防洪标准为 20 年一遇，假定文洞河溃口处水位大于 10 年一遇水位时发生溃堤，北江溃口处水位大于 20 年一遇水位时发生溃堤。

（2）初始条件：初始时刻白庙围内为无水陆地。

不考虑水体的蒸发和下渗。

7.3.2.5　计算水文工况

飞霞山站水位受文洞河溃堤以及北江溃堤的影响，分别对文洞河溃堤和北江溃堤进行计算，分析飞霞山站的溃堤水位，计算水文工况为：

（1）文洞河溃堤：文洞河及峡山截洪渠 100 年一遇洪水遭遇白庙围 100 年一遇降雨以及北江 20 年一遇洪水。

（2）北江溃堤：文洞河及峡山截洪渠 50 年一遇洪水遭遇白庙围 50 年一遇降雨以及北江 100 年一遇洪水。

7.3.3　计算成果

在 100 年一遇设计洪水及北江溃堤条件下，由于洪峰峰值持续时间长、洪量大，除白庙围个别山丘外，围内被北江洪水全部淹没，水位达到 19.25 m，基本与北江水位一致。文洞河溃堤飞霞山站最大水位淹没范围见图 7-17，北江溃堤飞霞山站最大水位淹没范围见图 7-18。

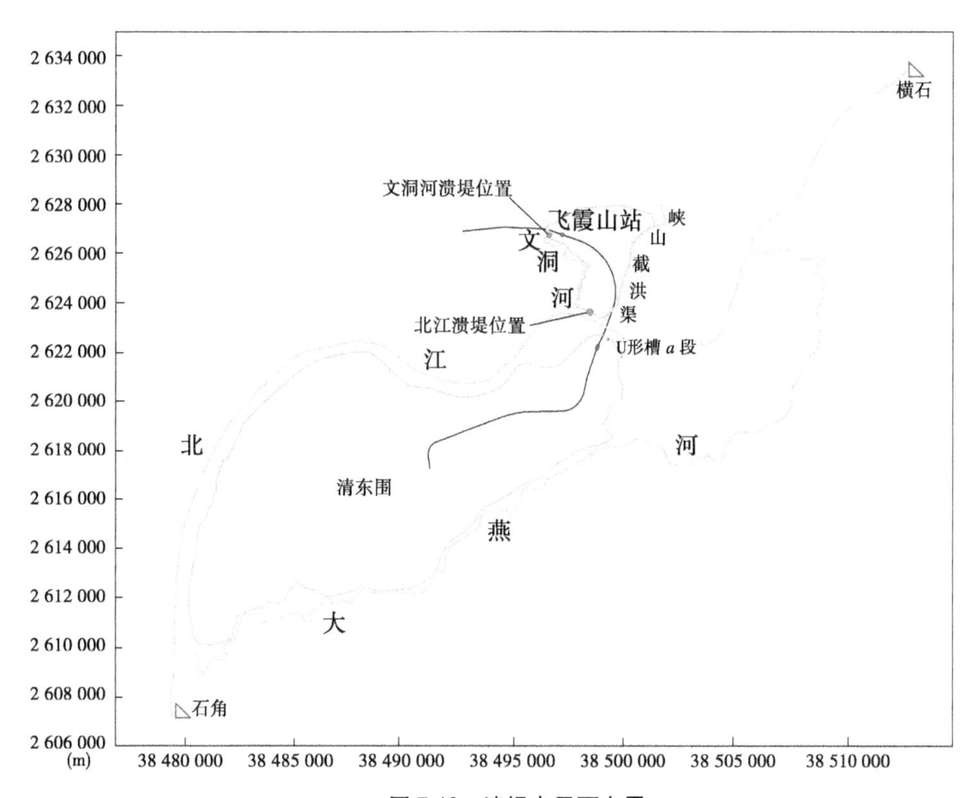

图 7-16　溃堤点平面布置

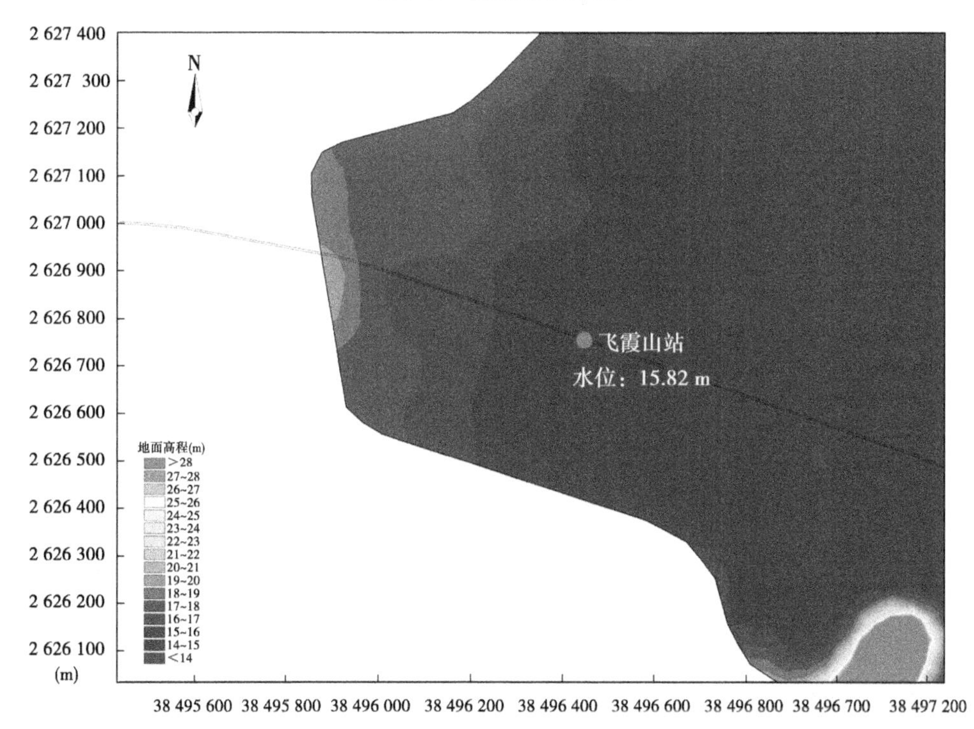

图 7-17　文洞河溃堤飞霞山站最大水位淹没范围

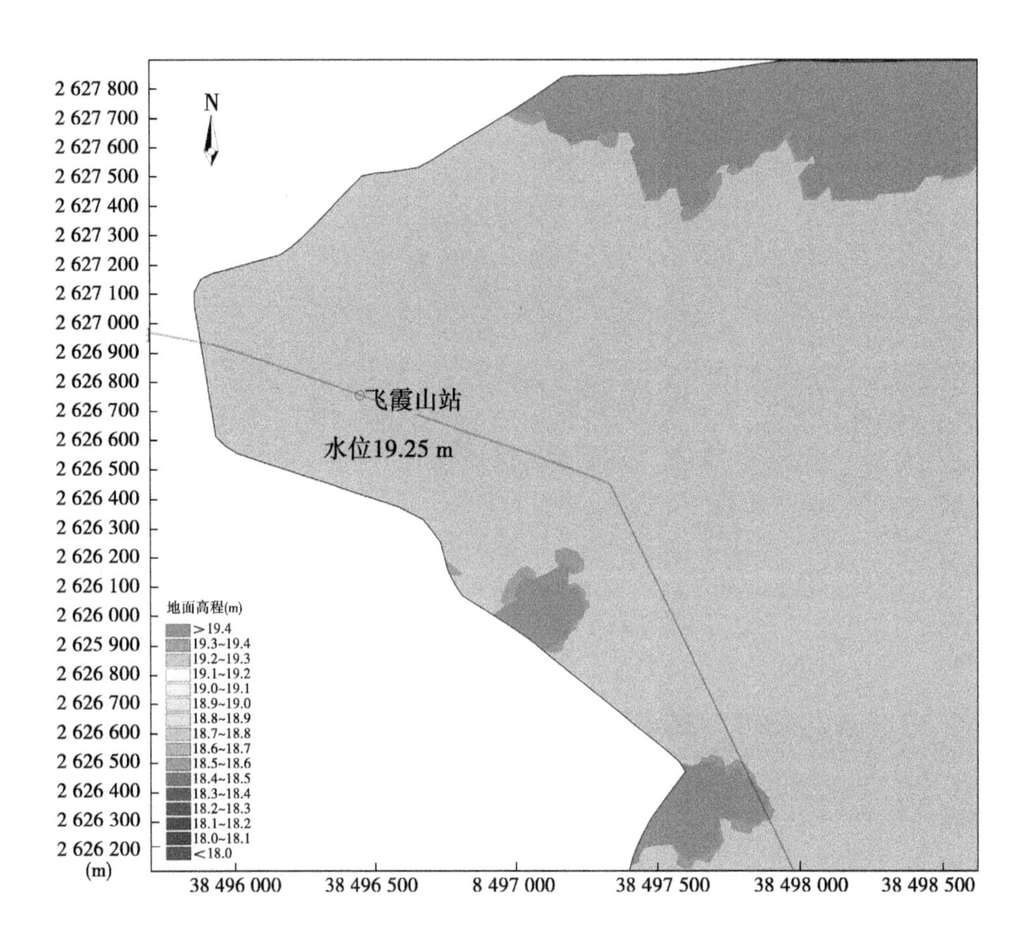

图 7-18　北江溃堤飞霞山站最大水位淹没范围

7.4　地铁车站与风井口部工程

7.4.1　工程概况

十二号线线路起自白云区金沙洲浔峰岗站,终点位于大学城中环西路南侧大学城南站。全长 37.6 km,全均为地下线;设站 25 座,其中换乘站 17 座。最大站间距 2.4 km(里横路—槎头区间),最小站间距 0.75 km(景云路—广园新村区间),平均站间距 1.52 km。线路途经广州市白云区、越秀区、海珠区和番禺区。车站与周边河涌位置见图 7-19 ~ 图 7-21。

7.4.2　计算思路

为了分析不同站点的设防水位,本次采用 DHI MIKE 水动力学模型进行计算,根据不

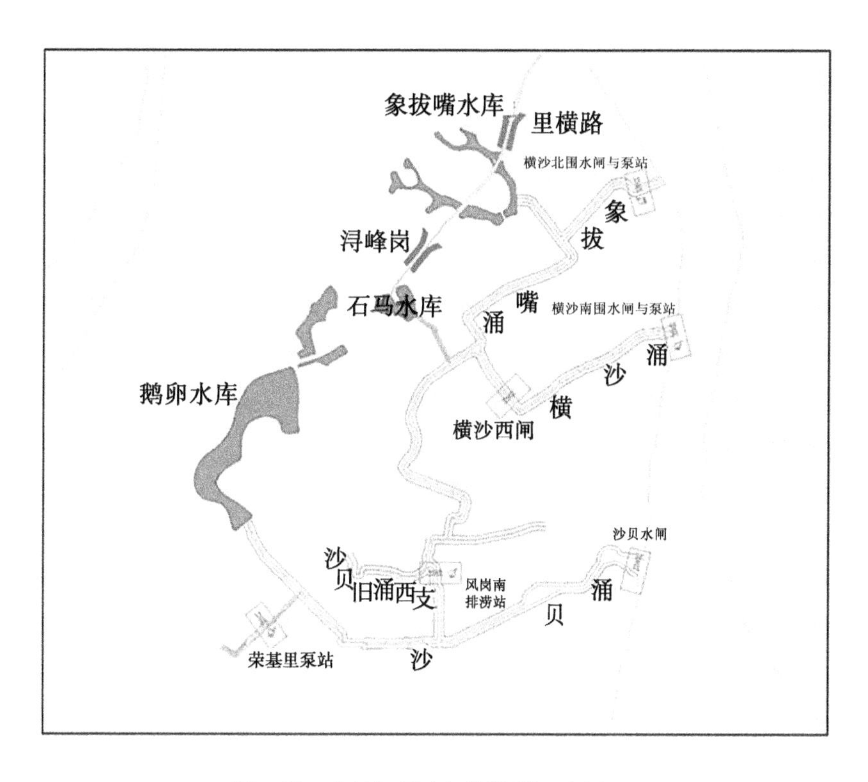

图7-19 车站与周边河涌位置示意图1

同站点的排涝分区,部分站点仅受降雨的影响,采用 MIKE 21 进行计算分析;部分站点不仅受降雨的影响,同时还受内河涌水流漫滩的影响,采用 MIKE FLOOD 对一维、二维模型进行耦合,其中对内河涌采用一维模型进行计算,陆地区域采用二维模型计算,从而能更加准确地分析计算地铁站点的水位。

影响各工点的内河涌主要有石井河、新市涌、景泰涌、赤岗涌、黄埔涌及其他河涌等。根据水系分布特性建立北片区和南片区两个片区的河网数学模型。对于北片区和南片区采用 MIKE FLOOD 模块进行一维、二维模型耦合计算。其中,石井河、新市涌、景泰涌、赤岗涌、黄埔涌及其他河涌采用一维模型搭建,各站点集水分区采用二维模型搭建,然后将一维、二维模型在 MIKE FLOOD 中进行耦合。

7.4.2.1 模型搭建

1. 一维模型

1)河网设置

一维河网数学模型平面布置见图7-22、图7-23。

2)地形资料

河道地形数据采用实测地形数据,可淹没区域的陆地地形数据为1:2 000带状地形图以及地理空间数据90 m×90 m分辨率数字高程图(DEM)。

图 7-20 车站与周边河涌位置示意图 2

3)边界条件

流量边界采用不同频率的设计暴雨过程,将不同河网计算区域进行集雨分区,根据不同河道集雨分区面积占总面积的百分比,采取合适的径流系数,计算出每条河道的流量作为流量边界。

水位边界选取外江最高潮(水)位多年平均值。

4)糙率

根据河道概况,本次模型计算中糙率取值为 0.022~0.035。

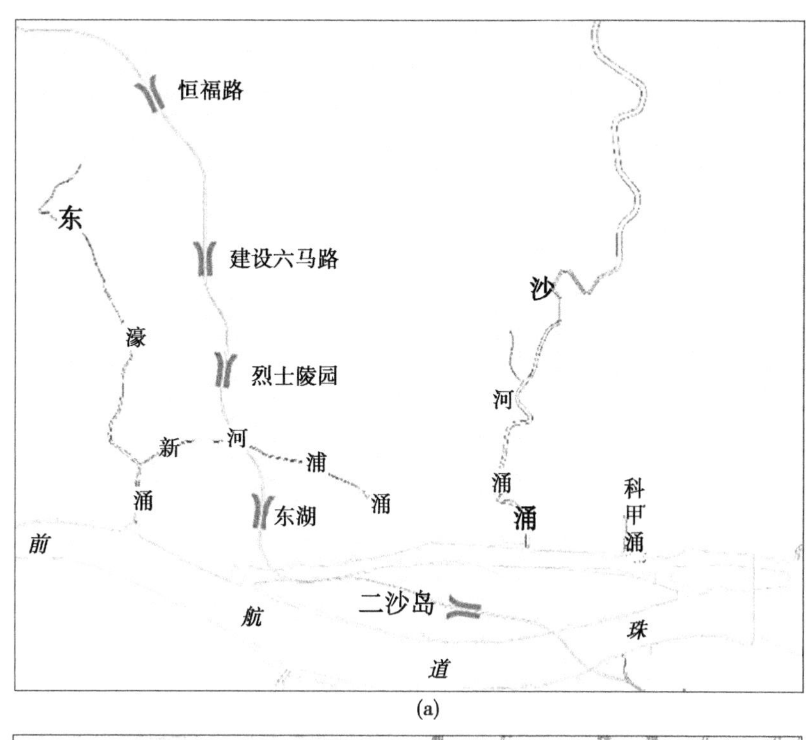

(a)

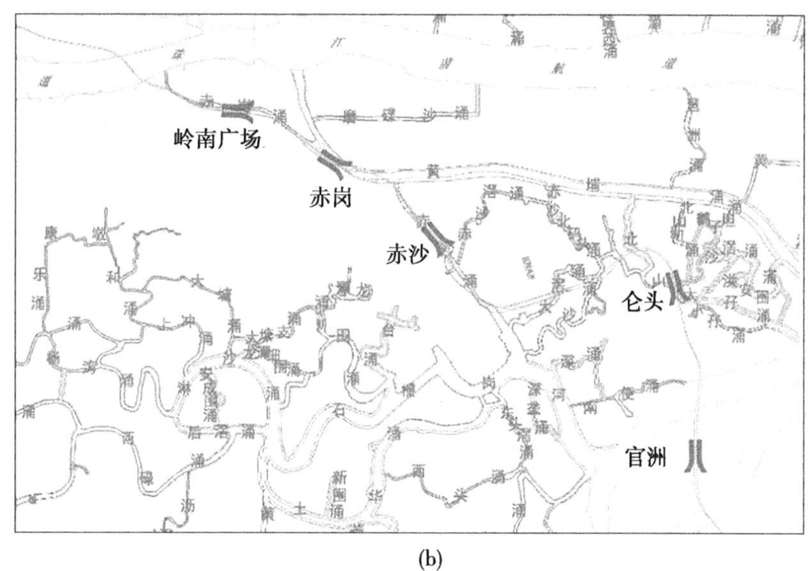

(b)

图7-21　车站与周边河涌位置示意图3

2. 二维模型

1) 研究范围及网格布置

模型范围为所有站点的集水分区，其中部分区域需要一维、二维耦合，北片区和南片区模型研究范围及地形分别见图7-24、图7-25，另外一部分区域仅用二维模型进行分析计算，模型研究范围及地形见图7-26。

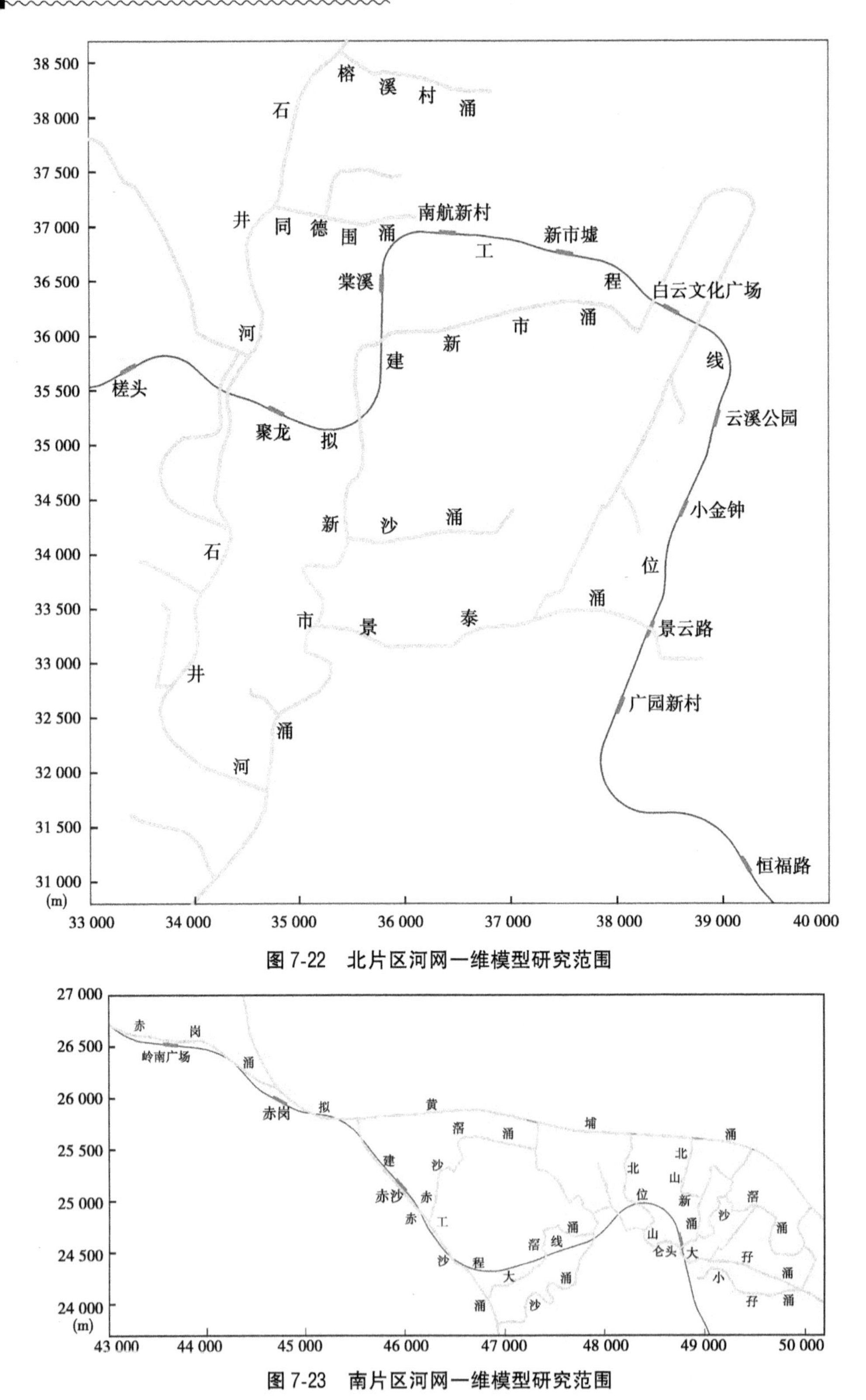

图 7-22　北片区河网一维模型研究范围

图 7-23　南片区河网一维模型研究范围

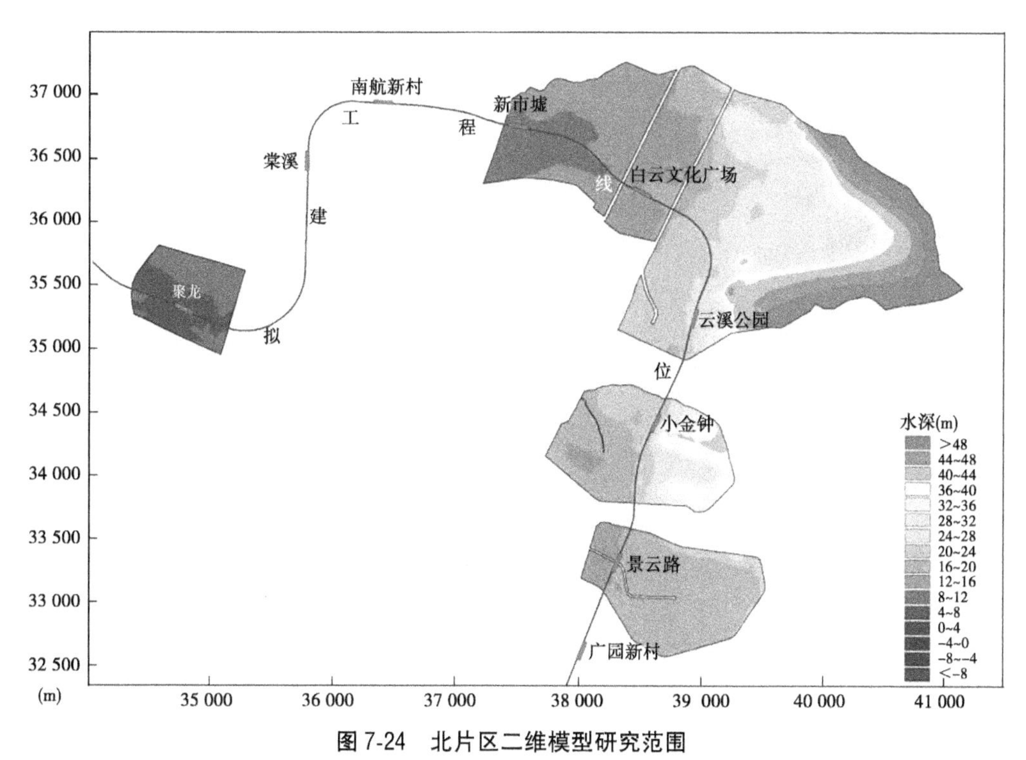

图 7-24　北片区二维模型研究范围

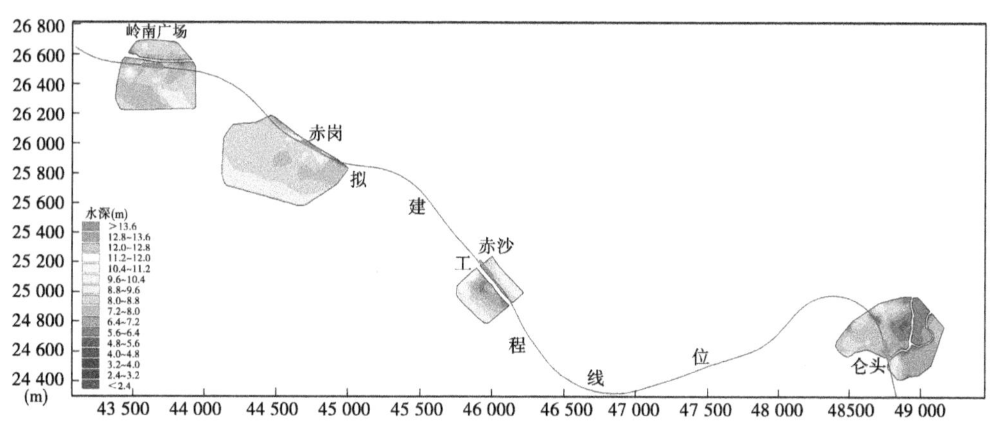

图 7-25　南片区二维模型研究范围

研究区域采用三角形网格进行离散，其中北片区共布置 20 385 个网格，11 861 个节点，最小网格尺寸约 15 m；南片区共布置网格数量 3 681 个，节点数量 2 086 个，最小网格尺寸约 10 m；其他区域共布置网格数量 14 978 个，节点数量 9 774 个，最小网格尺寸约 12 m。

2）边界条件及计算步长

拟建工程区域来水主要为降雨和内河涌水流漫滩，边界条件采用计算所得不同频率 24 h 降雨序列。

按稳定性要求 $\frac{\Delta t}{2}<\frac{\alpha \cdot \Delta S}{\sqrt{gH_{\max}}}$，$\alpha=1\sim3$，水流数学模型的计算步长取 0.25 s。

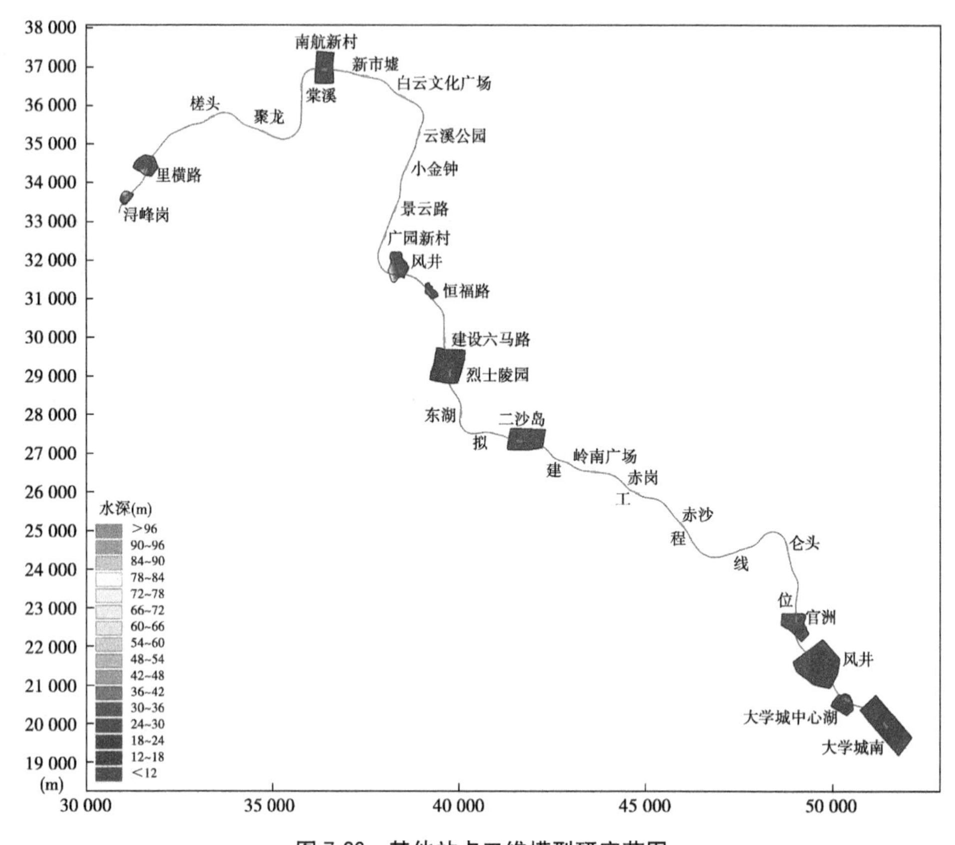

图 7-26　其他站点二维模型研究范围

3)糙率

根据研究区域实际土地利用情况,参照水力学设计手册和其他类似区域情况进行空间糙率设置。

4)动边界处理

对研究范围内随高水位、低水位而出没的陆地,计算时采用动边界技术,即将低水位期间出露的区域转化为陆地,同时形成新边界;反之,将高水位期间淹没的滩地转化成计算水域。

3. MIKE FLOOD 模型

MIKE FLOOD 耦合模型如图 7-27、图 7-28 所示。

在 FLOOD 模型中,河道与陆地连接采用侧向连接方式,侧向连接使得 MIKE21 的网格从侧面连接到 MIKE11 的部分河道或整个河道,当河道内的水位高于岸顶高程且高于侧向连接处陆地的水位时,发生水流漫滩,水流从一维模型流入二维模型,当与河道连接陆地处的水位高于河道水位时,水流从二维模型中陆地流入到一维模型中的河道,实现双向耦合,可以准确模拟出水流的漫滩过程。

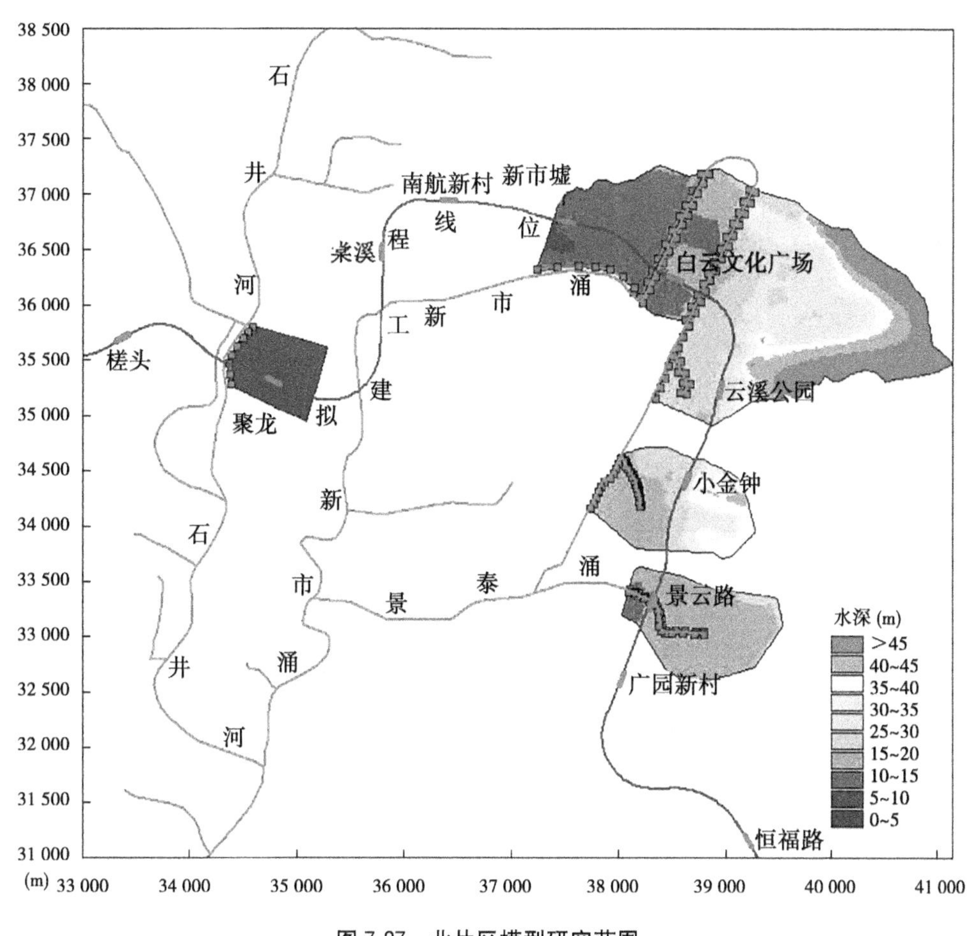

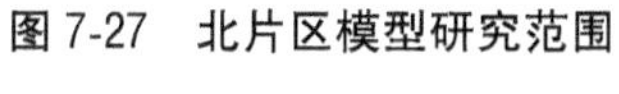
图 7-27　北片区模型研究范围

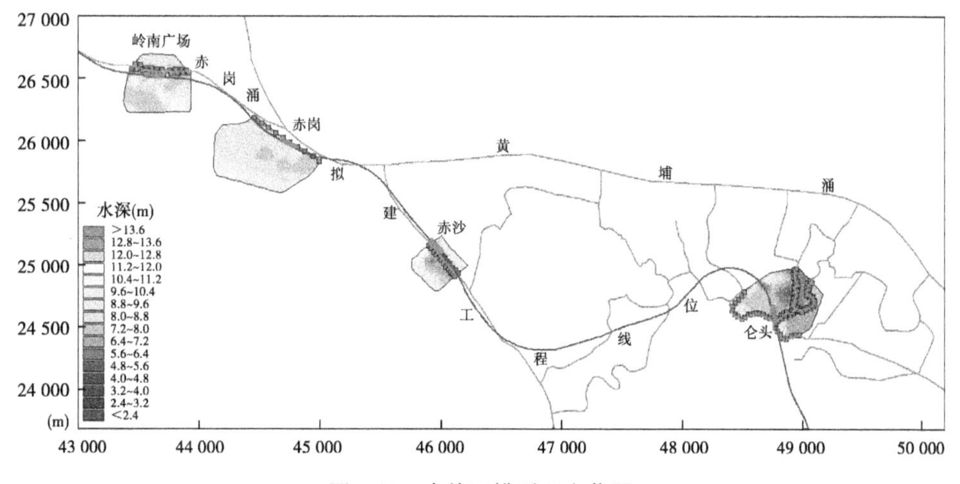

图 7-28　南片区模型研究范围

7.4.3 计算成果

根据数学模型,计算了不同频率各工点内涝洪水结果,其中100年一遇工况排水条件下的计算成果见表7-8及图7-29~图7-46。

表7-8 站点100年一遇设计水位计算成果

工点	水位(m)	工点	水位(m)	工点	水位(m)	工点	水位(m)
浔峰岗	17.02	主变	16.17	烈士陵园	10.23	官洲	8.91
里横路	14.05	云溪公园	24.54	二沙岛	8.47	大学城北	14.56
聚龙	8.12	小金钟	20.60	岭南广场	8.34	大大风井	14.56
棠溪	9.07	景云路	17.35	赤岗	9.18	大学城南	19.58
南航新村	8.51	广恒风井	31.10	赤沙	7.57		
新市墟	11.94	恒福路	21.78	仑头	8.05		

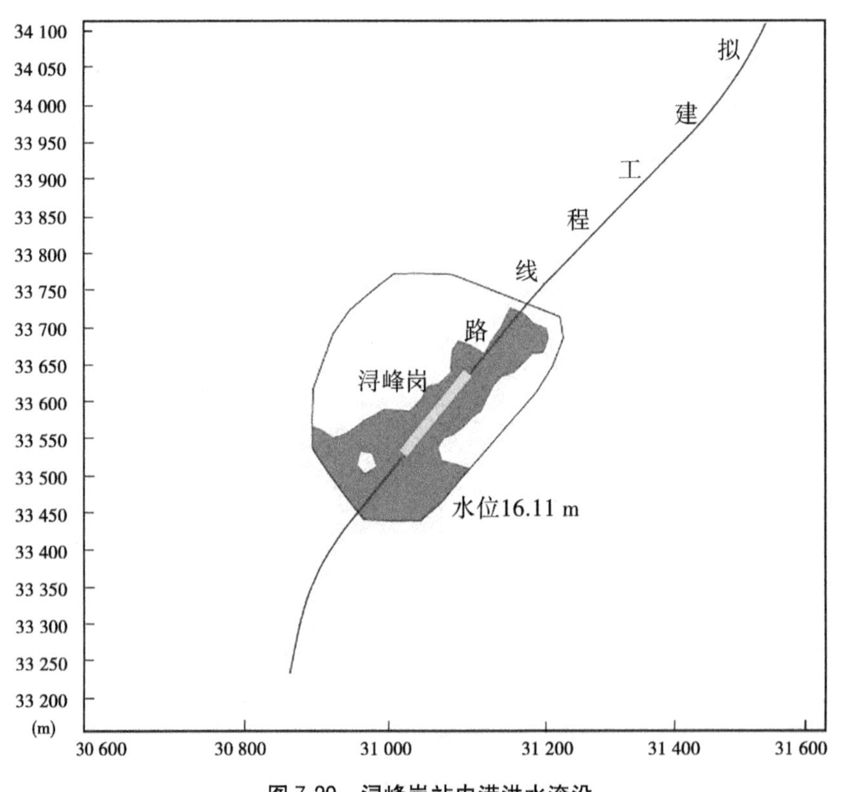

图7-29 浔峰岗站内涝洪水淹没

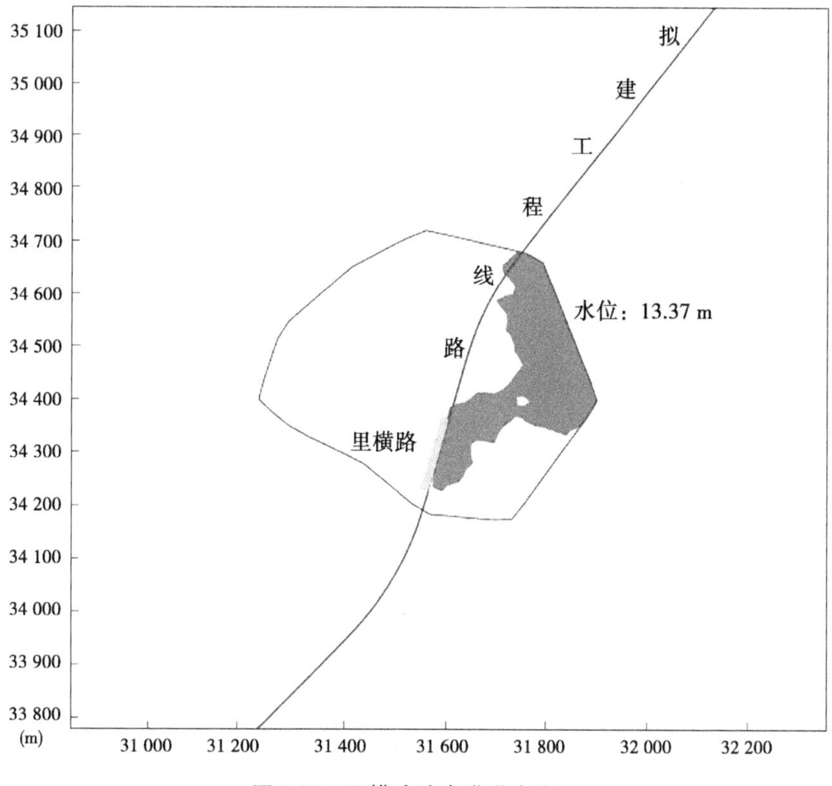

图 7-30　里横路站内涝洪水淹没

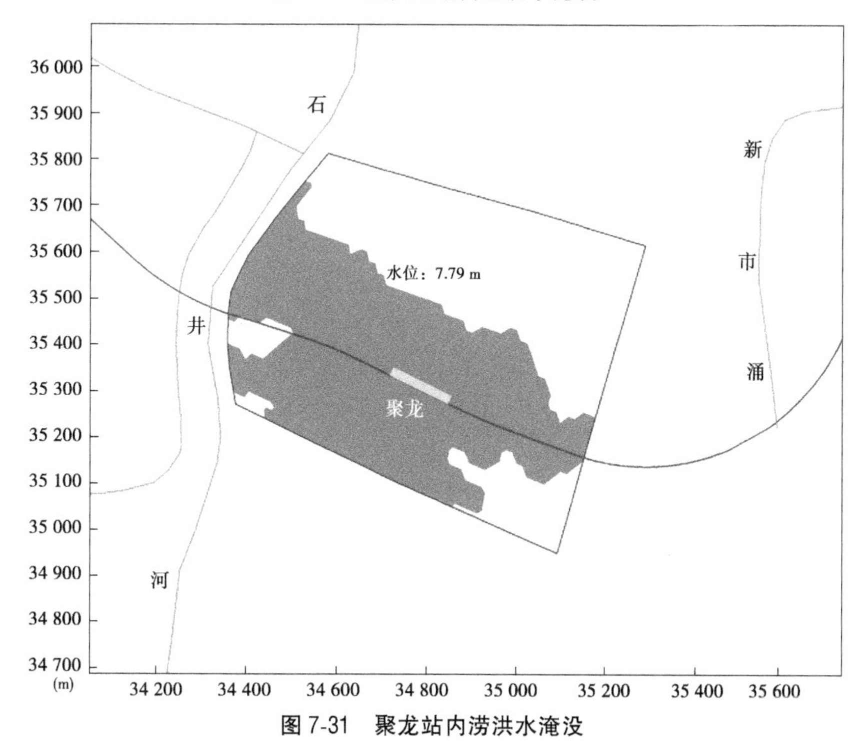

图 7-31　聚龙站内涝洪水淹没

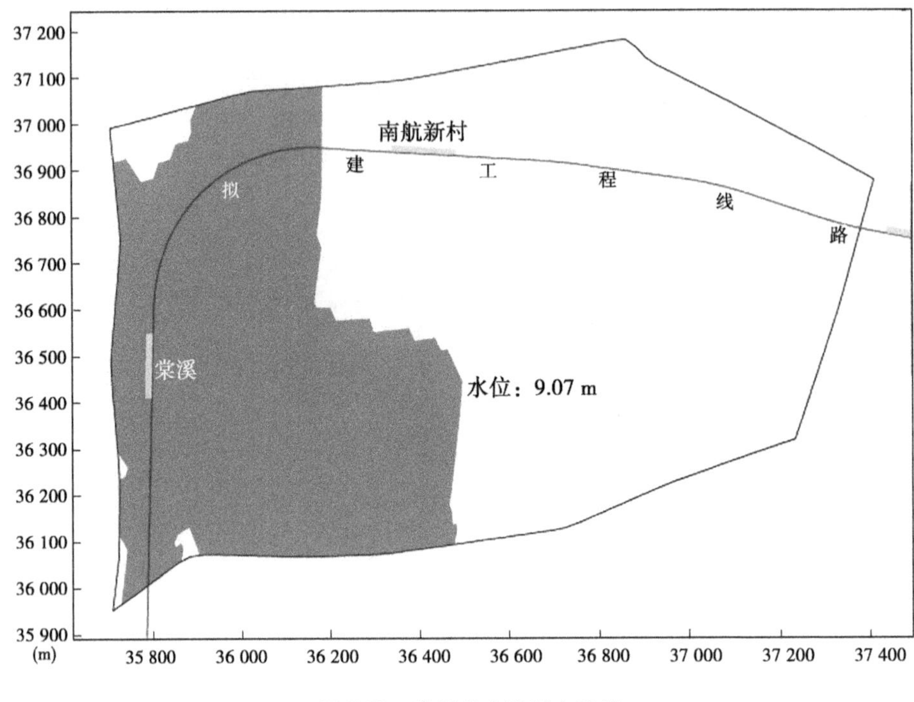

图 7-32　棠溪站内涝洪水淹没

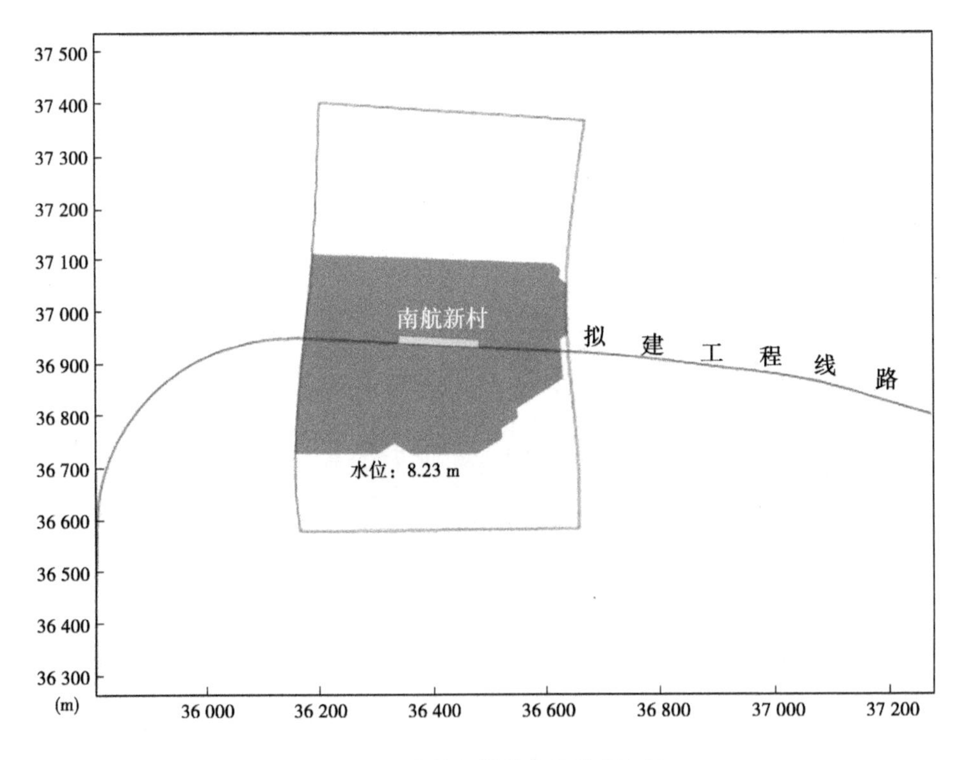

图 7-33　南航新村站内涝洪水淹没

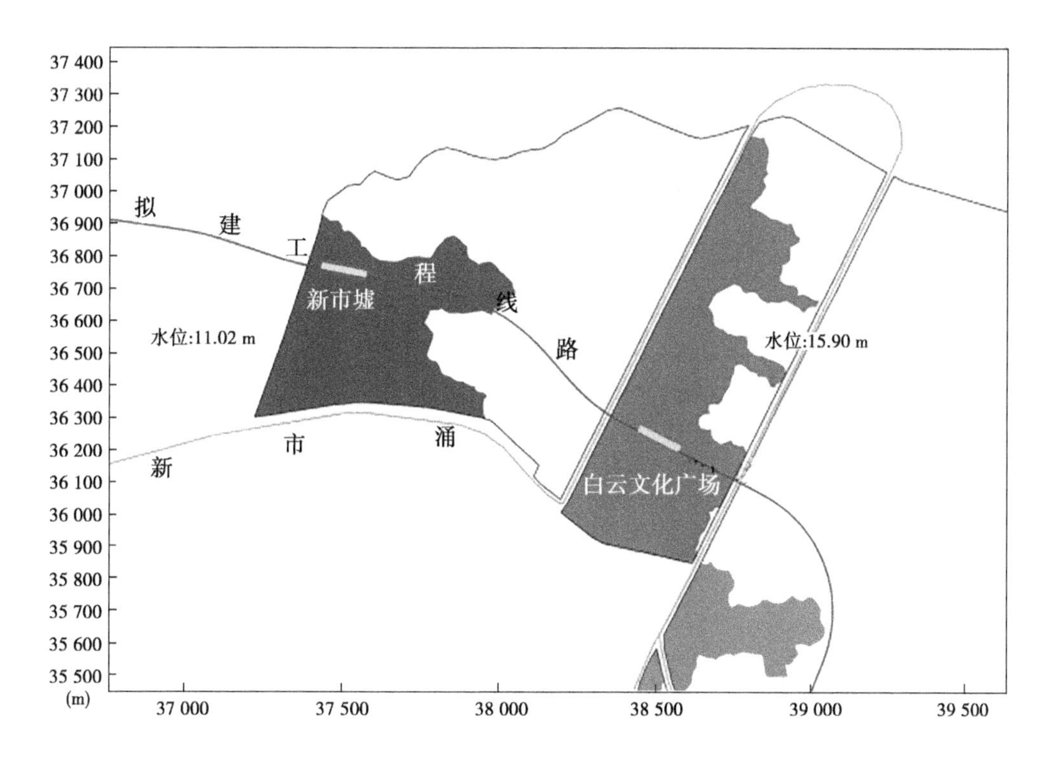

图 7-34　新市墟和白云文化广场站内涝洪水淹没

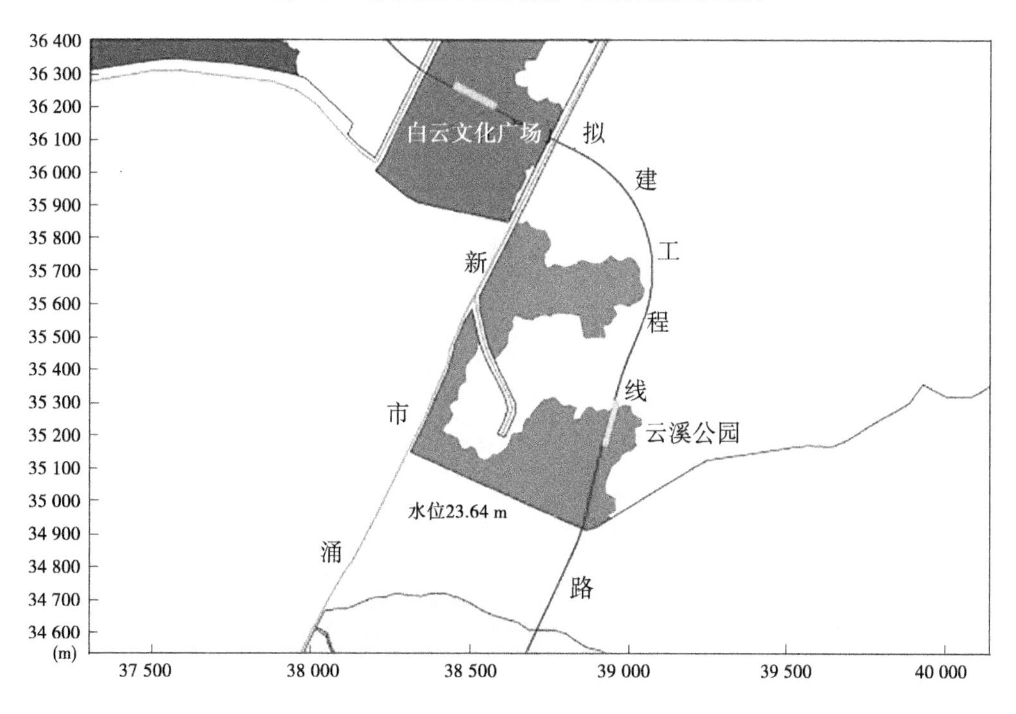

图 7-35　云溪公园站内涝洪水淹没

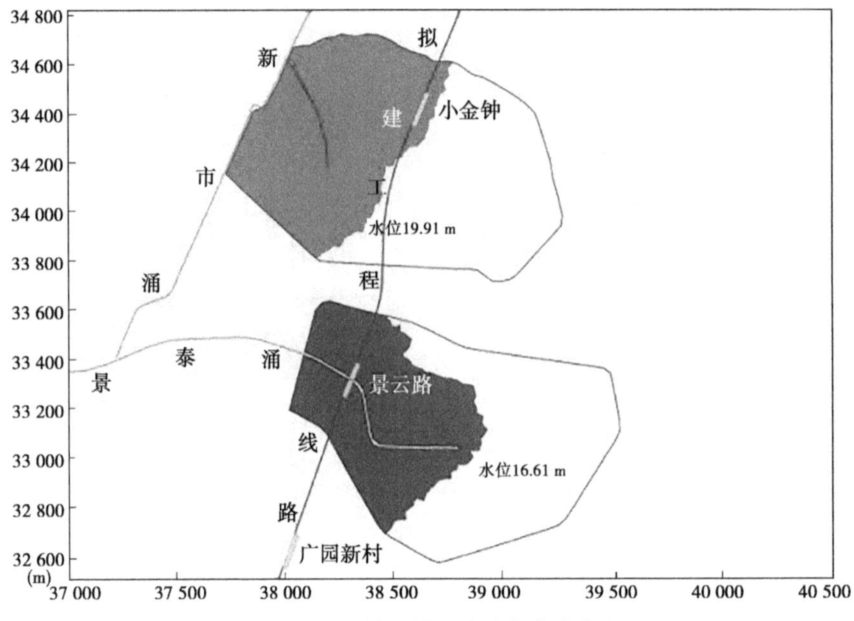

图 7-36　小金钟和景云路站内涝洪水淹没

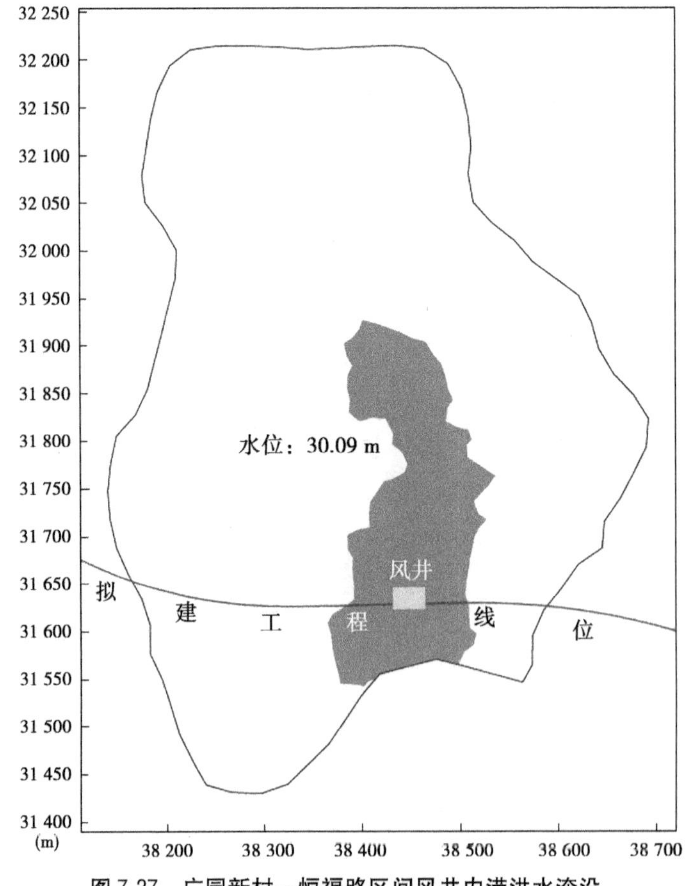

图 7-37　广园新村—恒福路区间风井内涝洪水淹没

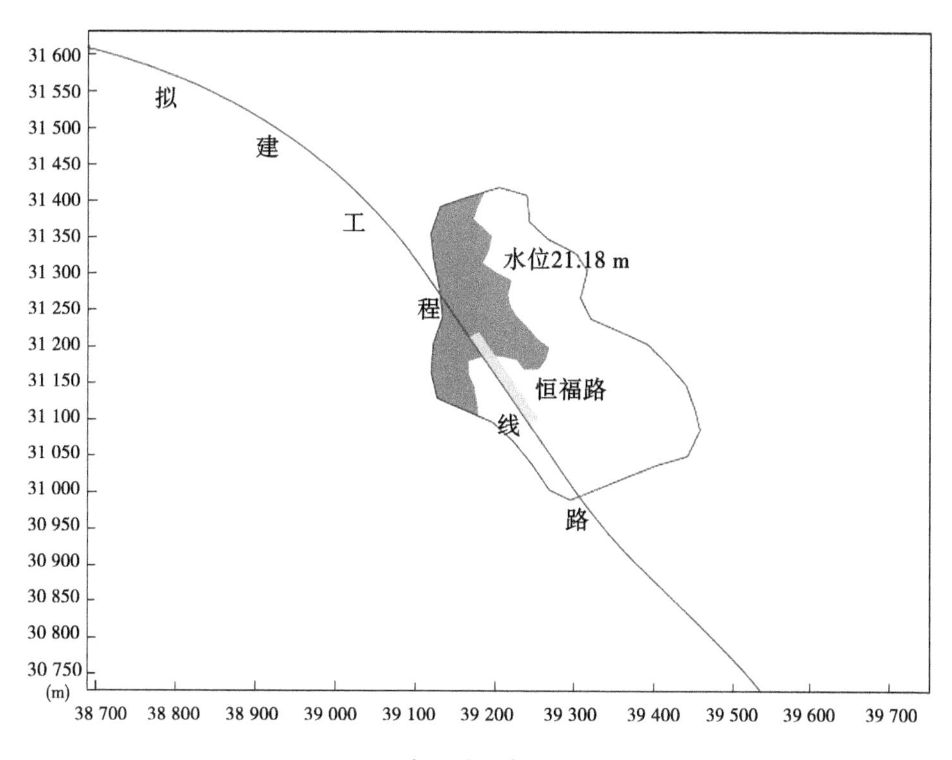

图 7-38　恒福路站内涝洪水淹没

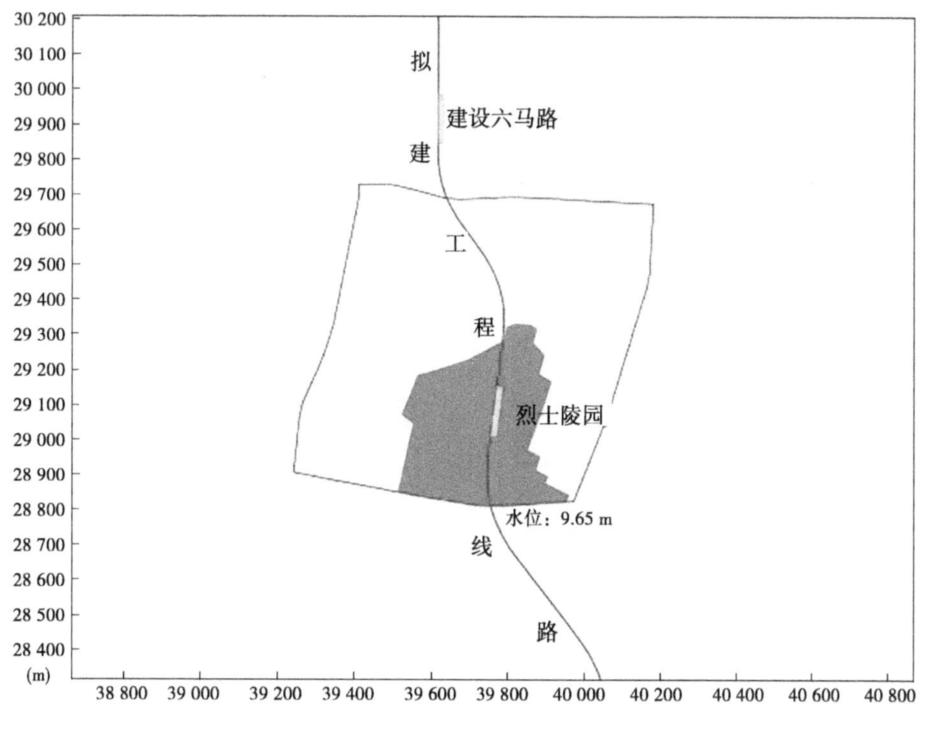

图 7-39　烈士陵园站内涝洪水淹没

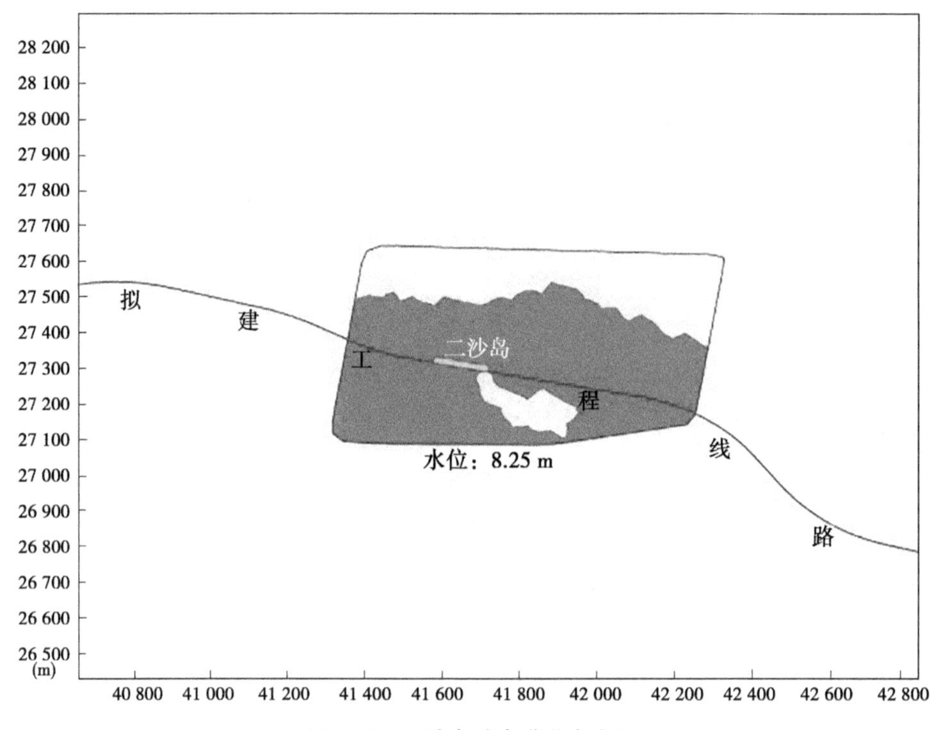

图 7-40　二沙岛站内涝洪水淹没

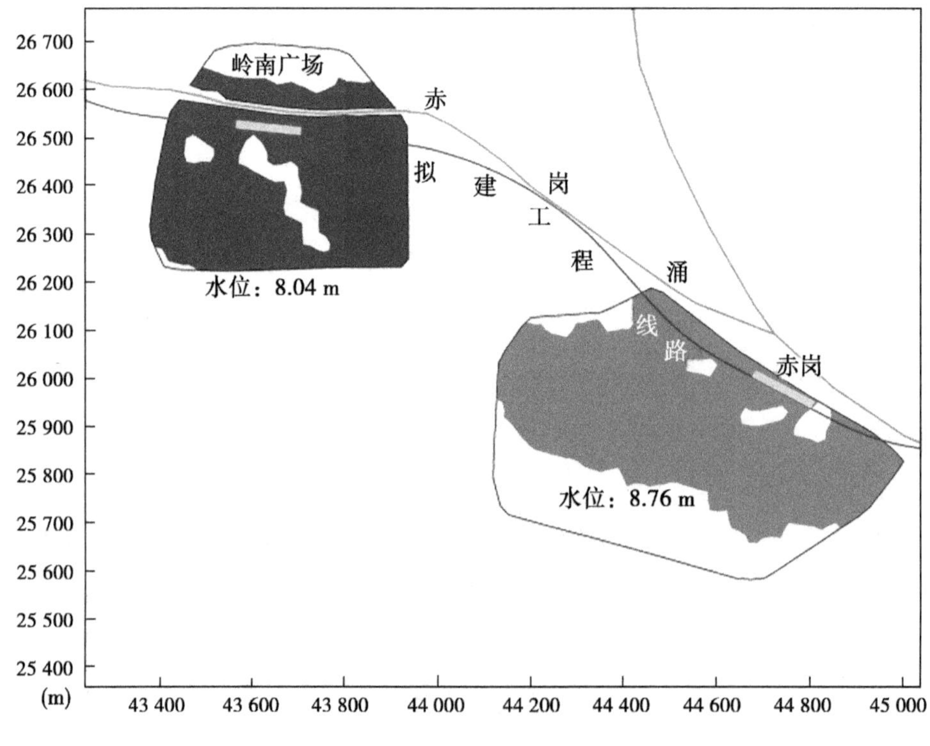

图 7-41　岭南广场和赤岗站内涝

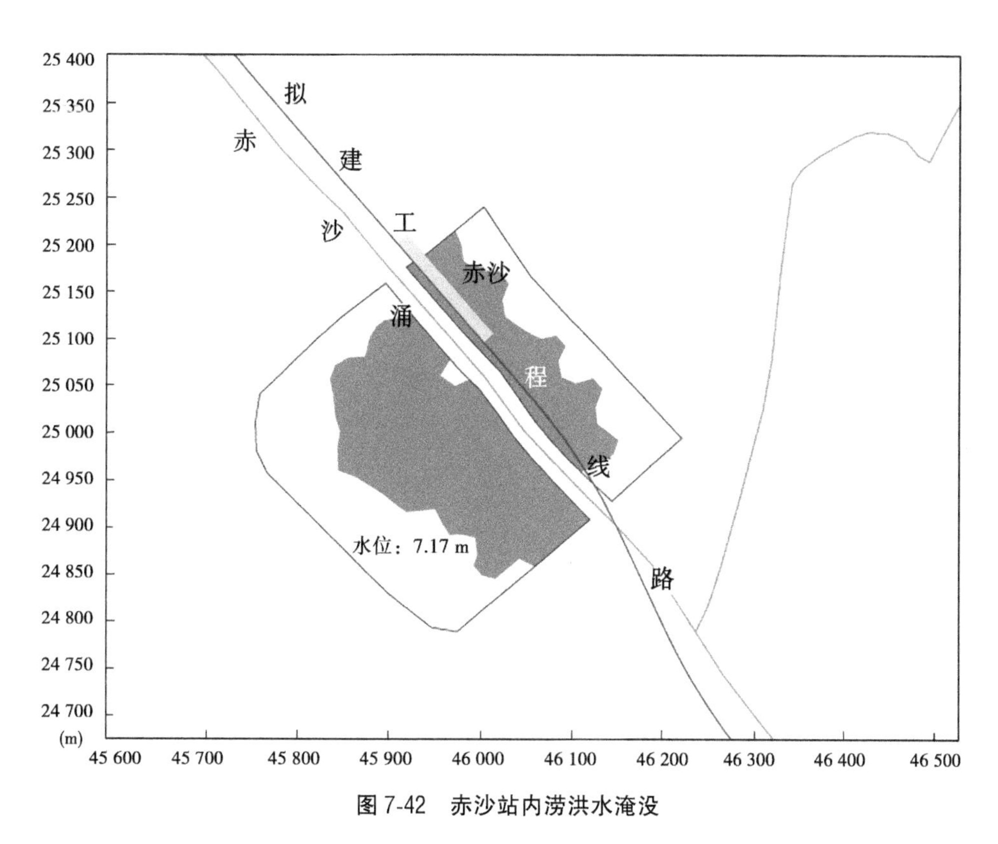

图 7-42　赤沙站内涝洪水淹没

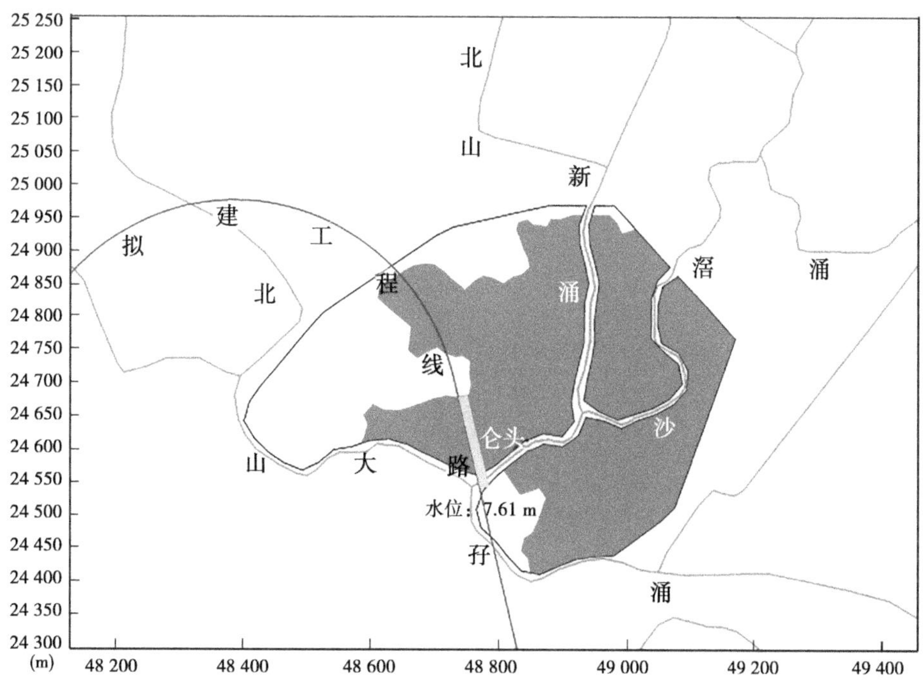

图 7-43　仑头站内涝洪水淹没

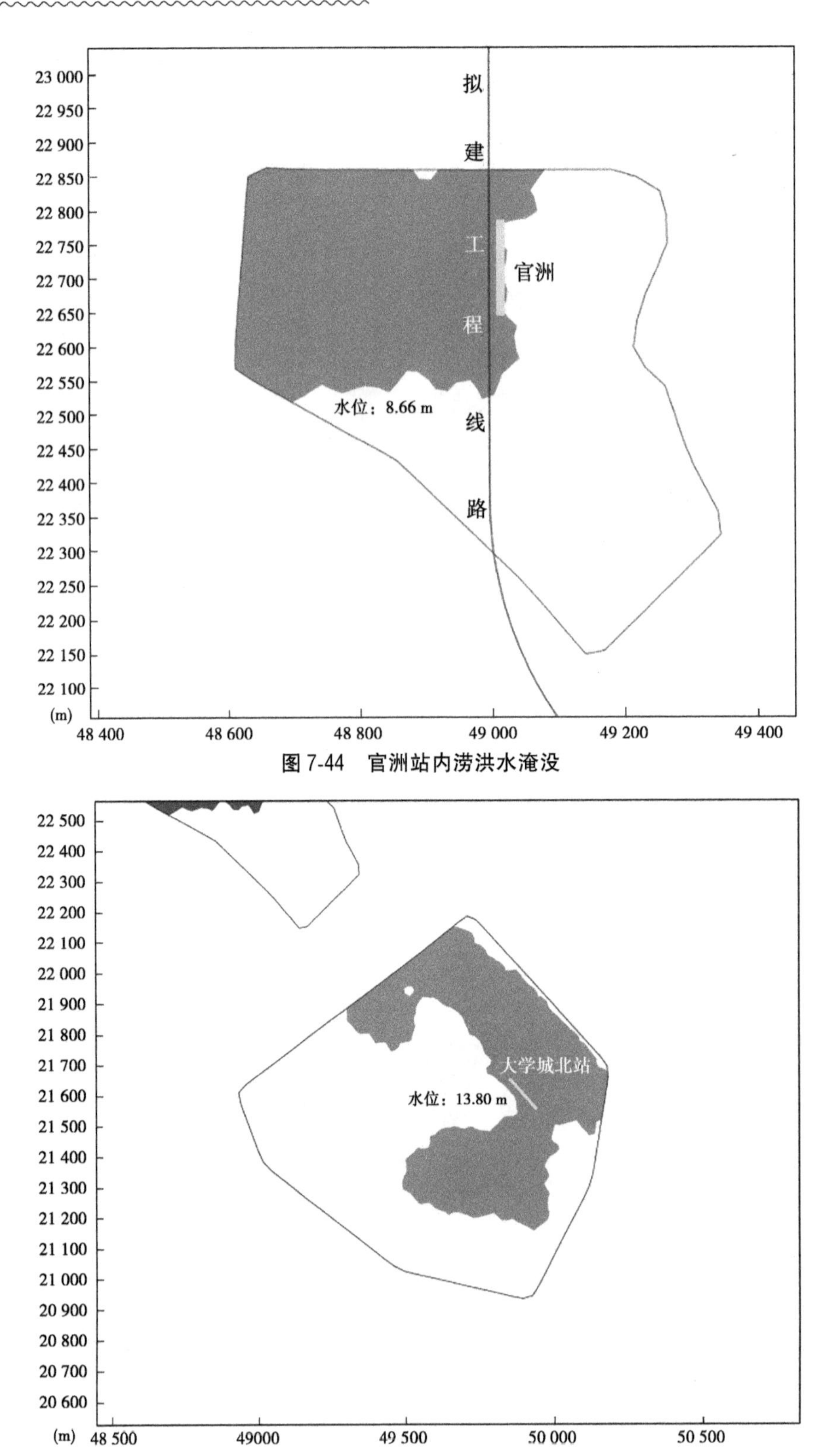

图 7-44　官洲站内涝洪水淹没

图 7-45　大学城北站内涝洪水淹没

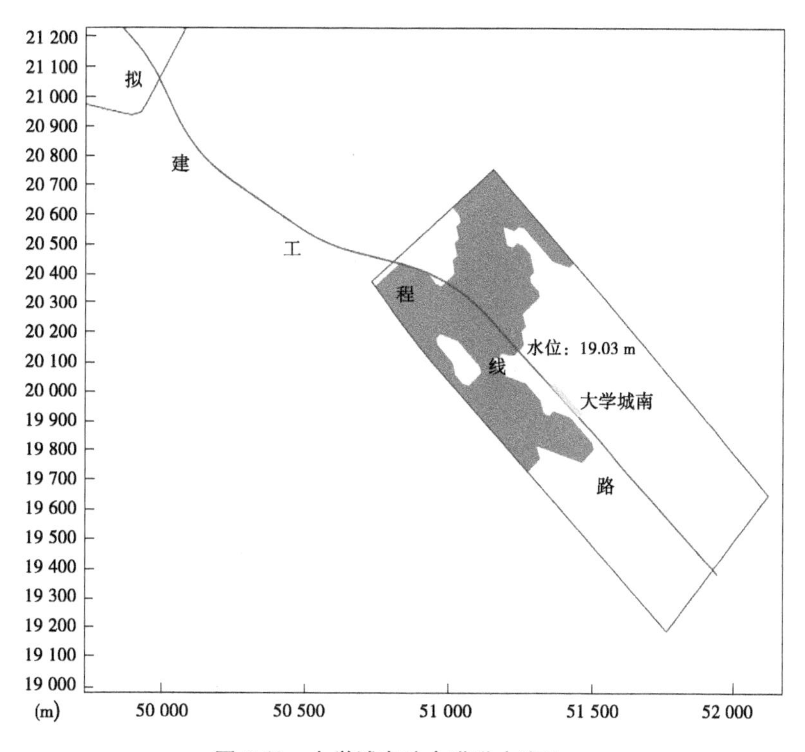

图 7-46 大学城南站内涝洪水淹没

7.5 住房保障口部工程

7.5.1 工程概况

番禺区新造新城项目位于番禺区东北部的新造镇，广州国际创新城启动区的东侧，新造路和南大干线交汇西北处。西部为秀发村，西北部为广医校区规划用地、与 S296 省道相邻，东南部为谷围新村。

项目由思贤村、崇德村、秀发村、安置区组成，建设 17 栋 11～28 层商业楼和住宅楼，1 栋 5 层商业楼，4 个独立的 2 层地下室，1 所幼儿园及相关配套设施，规划用地面积 115 169.5 m^2，项目位置见图 7-47。

7.5.2 计算思路

为了分析小区的设防水位，本次采用水动力学模型进行计算，该研究区域内涝主要受降雨的影响，为了分析内涝水位，需要同时考虑地下管网以及地表水流的影响，因此计算采用 MIKE FLOOD 对二维模型以及管网模型进行耦合计算，其中对小区陆地区域采用 MIKE 21 水动力模型计算，对管网采用 MIKE URBAN 模型计算。

图 7-47 项目位置示意图

7.5.2.1 **模型搭建**

1. 研究范围及网格布置

二维模型研究包括拟建工程小区范围,模型研究范围及地形见图 7-48。小区二维模型网格采用结构性正方形网格,网格大小为 2 m×2 m,网格总数为 309×384。

2. 建模地形资料

地形数据来源为委托方提供的 1∶2 000 规划地形图。

3. 边界条件及计算步长

拟建工程区域来水主要为降雨,降雨边界条件主要加载在管网模型中,通过模型耦合为二维模型提供边界条件计算降雨在小区的淹没情况。

按稳定性要求$\frac{\Delta t}{2}<\frac{\alpha \cdot \Delta S}{\sqrt{gH_{\max}}}$,$\alpha=1\sim3$,水流数学模型的计算步长取 1 s。

4. 糙率

根据研究区域规划土地利用情况,参照水力学设计手册和其他类似区域情况进行空间糙率设置,该地区糙率取值见表 7-9。

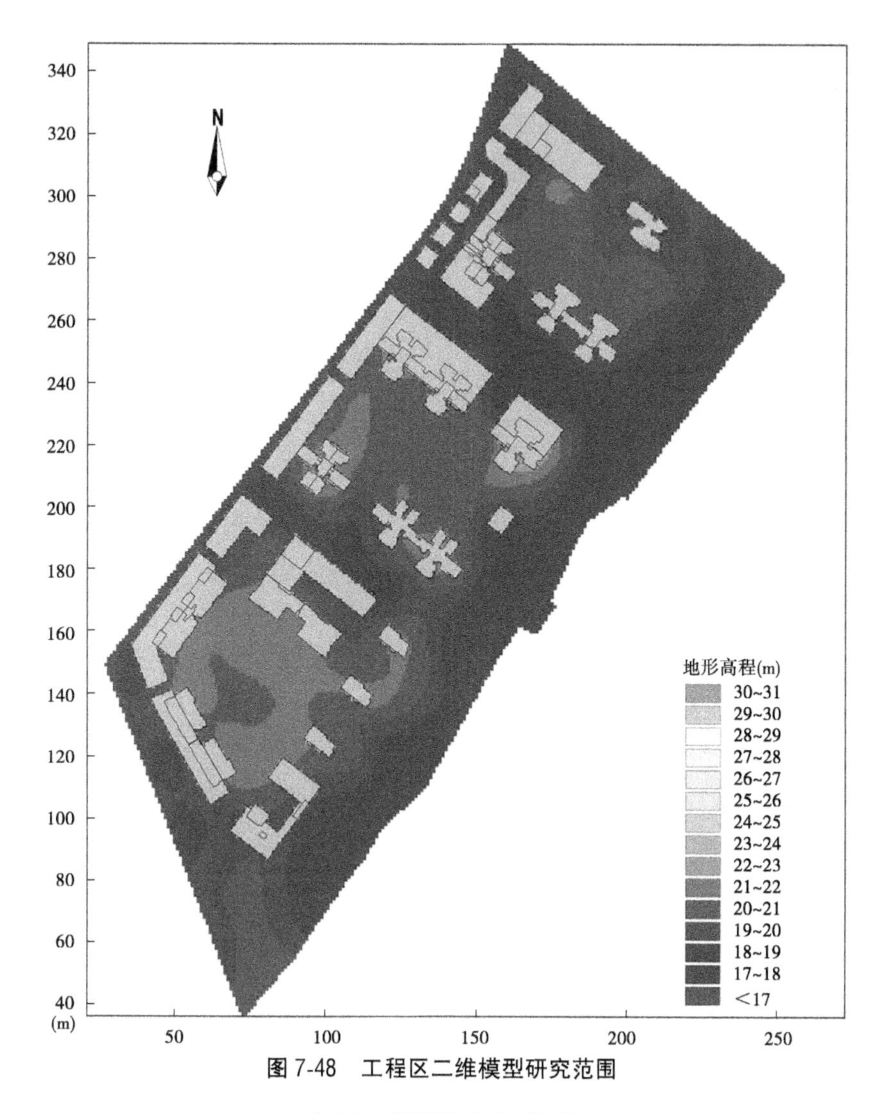

图7-48　工程区二维模型研究范围

表7-9　不同地形糙率取值

序号	土地类型	曼宁值(s/m$^{1/3}$)
1	树丛	0.065 0
2	道路	0.035 0
3	空地	0.035 0

5.动边界的处理

对研究范围内随高水位、低水位而出没的沙洲和滩地，计算时采用动边界技术，即将低水位期间出露的区域转化为滩地，同时形成新边界；反之，将高水位期间淹没的滩地转化成计算水域，为了保证模型的精度，同时提高模型的准确度，最终设置干水深为0.001 m，淹没水深为0.002 m。

7.5.2.2 管网模型搭建

主要搭建步骤为:①由数据库及 CAD 数据导入模型数据库;②进行管道拓扑关系建立以及数据高程信息检查;③为检查井的直径大小进行赋值;④在模型中给定相应的设计流量;⑤根据雨水管线系统进行集水区划分;⑥连接集水区与检查井;⑦设置模型降雨条件以及边界水位条件;⑧进行模拟计算。

本次研究的管网模型如图 7-49 所示。

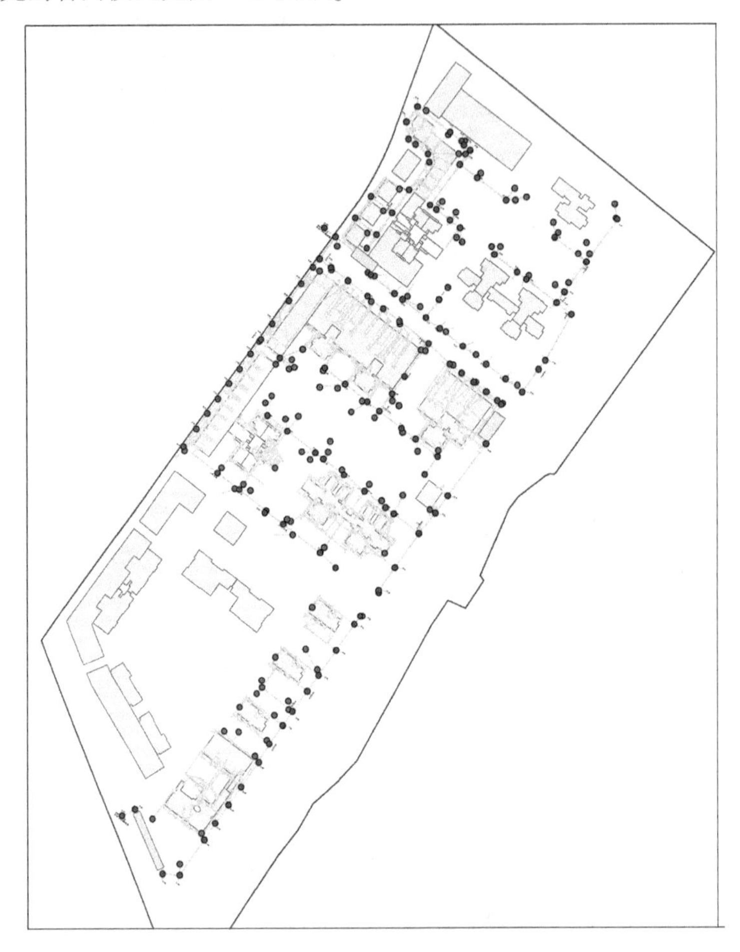

图 7-49 管网模型

7.5.2.3 耦合模型搭建

该模型是将城市排水管网模型以及二维地表漫流模型耦合模拟计算,主要考虑城区排水管网模型的每一个检查井与二维地表模型相应的计算网格耦合,以反映管网和地表之间的水流交互,耦合模型的建立步骤如下:基于地形数据设置二维地表漫流模型;基于管网数据设置管网模型;根据管网的排水能力计算每一个入孔的最大入流量,该流量是管网模型与二维地表漫流模型水量交互的阈值;将每一个入孔连接到二维地表漫流模型的计算网格;进行耦合模拟计算。

管网模型的耦合设置如图7-50所示。

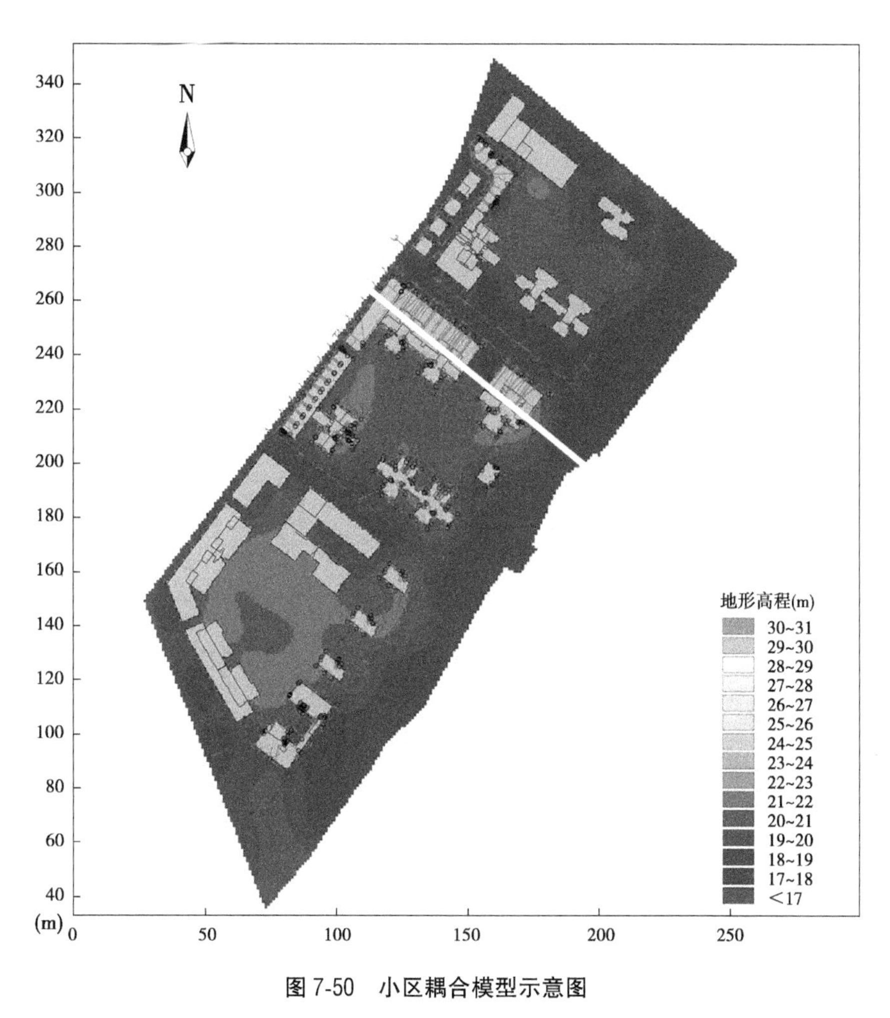

图7-50　小区耦合模型示意图

7.5.3　计算成果

通过对小区的内涝洪水计算得到50年一遇和20年一遇洪水淹没范围情况,图7-51、图7-52所示。

在50年一遇工况条件下,研究区域最大淹没水深为0.57 m,淹没位置为北边两栋建筑物之间,东南侧淹没范围较大,但是淹没水深较小,淹没水深均在0.3 m以下。对地下停车场出入口进行分析发现,总共8个停车场出入口,1号和3号停车场出入口均有不同程度的淹没,其中1号停车场淹没水深很浅,不足1 cm,3号停车场淹没水深为9.2 cm。

而在20年一遇工况条件下,淹没趋势与50年一遇工况淹没趋势相同,淹没水深相对较小,研究区域最大淹没水深为0.53 m,位置与50年一遇工况一致,对于地下停车场,同样是1号和3号停车场出入口均有不同程度的淹没,其中1号停车场淹没水深很浅,不足1 cm,3号停车场淹没水深为8.8 cm。

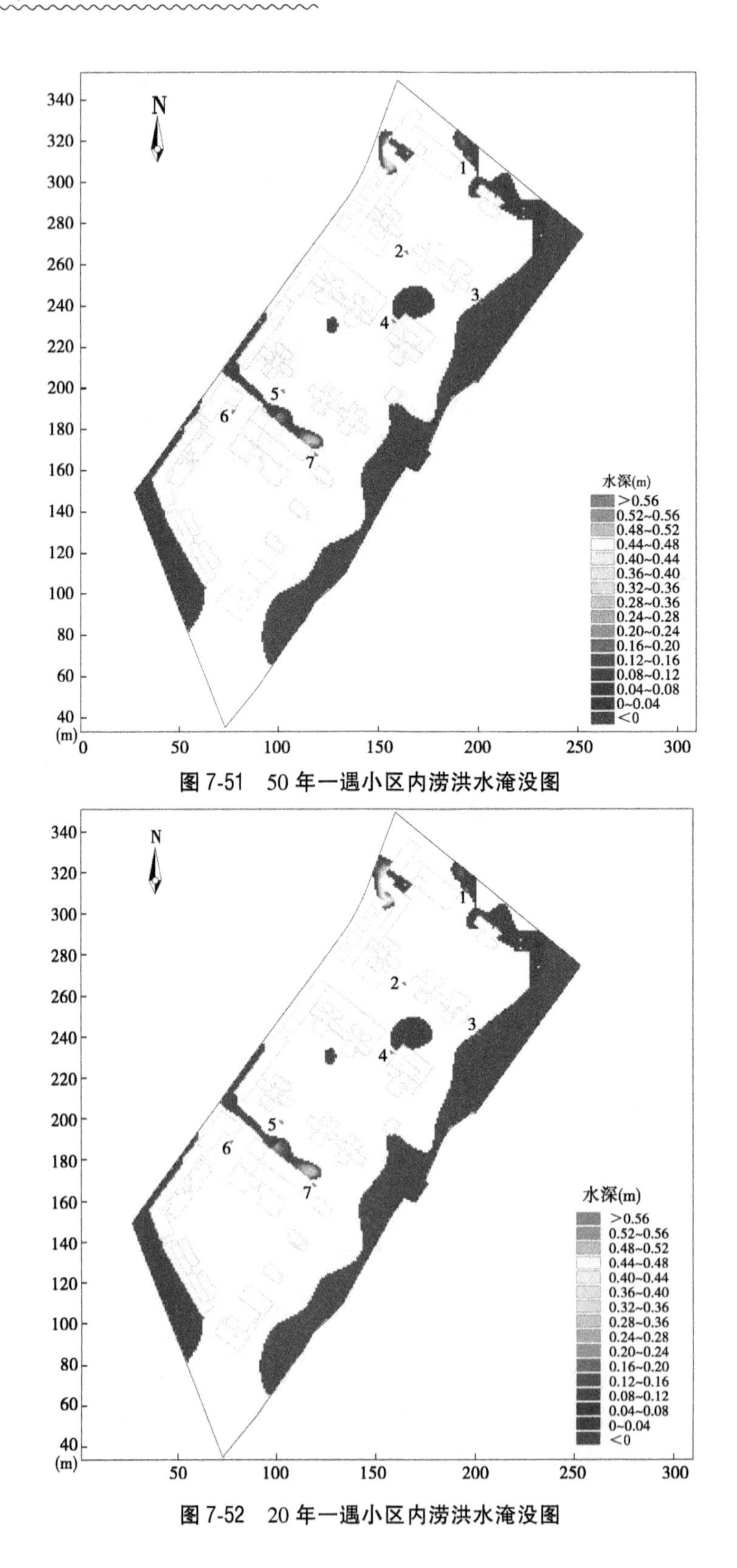

图 7-51　50 年一遇小区内涝洪水淹没图

图 7-52　20 年一遇小区内涝洪水淹没图

参考文献

[1] 周君, 于幼云, 刘伊生. 城市基础设施安全系统的结构与和谐发展[J]. 中国安全科学学报, 2005, 15(12):3-7,138.

[2] 孙钰, 王坤岩, 姚晓东. 城市公共基础设施社会效益评价[J]. 经济社会体制比较, 2015(5):64-175.

[3] 程晓陶, 李超超. 城市洪涝风险的演变趋向、重要特征与应对方略[J]. 中国防汛抗旱, 2015, 25(3):6-9.

[4] 姚志坚, 彭瑜. 溃坝洪水数值模拟及其应用[M]. 北京: 中国水利水电出版社, 2013.

[5] 中华人民共和国住房和城乡建设部,中华人民共和国国家质量监督检验检疫总局. 防洪标准:GB 50201—2014[S]. 北京: 中国计划出版社, 2014.

[6] 中华人民共和国水利部. 治涝标准:SL 723—2016[S]. 北京: 中国水利水电出版社, 2016.

[7] 韩松,王静,李娜. 我国城市洪涝灾害与应急避险指南[J]. 城市与减灾,2018,(4):21-25.

[8] 王鹏,邓红卫. 基于 GIS 和 Logistic 回归模型的洪涝灾害区划研究[J]. 地球科学进展,2020,35(10):1064-1072.

[9] 张建云,王银堂,贺瑞敏,等. 中国城市洪涝问题及成因分析[J]. 水科学进展,2016,27(4):485-491.

[10] 陈刚. 广州市城区暴雨洪涝成因分析及防治对策[J]. 广东水利水电,2010,(7):38-41.

[11] 曹靖,张文忠. 粤港澳大湾区城市建设用地和经济规模增长格局演变及协同关系[J]. 经济地理,2020,40(2):52-60.

[12] 何俊仕,吴迪,魏国. 城市适宜水面率及其影响因素分析[J]. 干旱区资源与环境,2008,22(2):6-9.

[13] 杨正,李俊奇,王文亮,等. 对海绵城市建设中排水分区相关问题的思考[J]. 中国给水排水,2018,34(22):1-7.

[14] 钟玉秀. 对加强城市防洪排涝工作的思考和建议[N]. 黄河报,2017-08-08(3)。

[15] 陈文龙,夏军. 广州"5·22"城市洪涝成因及对策[J]. 中国水利. 2020(13):4-7.

[16] 唐晓春,刘会平,潘安定,等. 广东沿海地区近 50 年登陆台风灾害特征分析[J]. 地理科学, 2003(2):182-187.

[17] 何蕾,李国胜,李阔,等. 珠江三角洲地区风暴潮灾害工程性适应的损益分析[J]. 地理研究,2019,38(2):427-436.

[18] Stephan J Nix, Ting-Kwai Tsay. Alternative Stategies for Stormwater Detention[J]. water Resources Bulletin,1988,24(3):609-614.

[19] UNESCO, Research on urban hydrology, Technical paper in hydrology 21[M]. The UNESCO Press, 1977-1981.

[20] S A Changnon. Research Agenda for Floods to solve Policy Failure[J]. Journal of water Resources Planning and Management,1985,111(1):3-15.

[21] Nassire E L Jabi, Jean Rowsell. A flood Damage Model for Flood PlainStudies[J]. Water Resources Bulletin,1987,23(3):253-266.

[22] 中国大百科全书编委会. 中国大百科全书[M]. 北京:中国大百科全书出版社,1995.

[23] 于维忠, 程渭钧. 人类活动对水文影响效应的研究——赫尔辛基国际学术讨论会内容综合述评[J]. 华水科技情报,1982,(2):1-8.

[24] 林俊俸, 李朝忠. 小流域都市化对暴雨洪水影响的试验研究[J]. 水文,1990(6):9-14.
[25] 吴学鹏, 林俊俸, 李朝忠. 都市化对小流域水文影响的研究[J]. 水科学进展,1992(2):155-160.
[26] 王家服. 都市化小流域的水文效应分析[J]. 水文,1992(4):51-54.
[27] 严昇. 我国大型城市暴雨特性及雨岛效应演变规律[D]. 东华大学,2015.
[28] 鲁航线,张开军,陈微静. 城市防洪、排涝及排水三种设计标准的关系初探[J]. 城市道桥与防洪,2007(11):64-66,16.
[29] 谢华,黄介生. 平原河网地区城市两级排涝标准匹配关系[J]. 武汉大学学报(工学版),2007,40(5):39-42,52.
[30] 谢华,黄介生. 城市化地区市政排水与区域排涝关系研究[J]. 灌溉排水学报,2007,26(5):10-13,26.
[31] 贾卫红,李琼芳. 上海市排水标准与除涝标准衔接研究[J]. 中国给水排水,2015,31(15):122-126.
[32] 杨星,李朝方,刘志龙. 基于风险分析法的排水排涝暴雨重现期转换关系[J]. 武汉大学学报(工学版),2012,45(2):171-176.
[33] 陈斌. 城市排涝与排水研究[J]. 中国农村水利水电, 1996(9):17-20.
[34] 谢淑琴. 城市小区管网排水及区域排涝水文计算方法初步探讨[A]//中国水利学会首届青年科技论坛论文集[C]. 中国水利学会,2003:5.
[35] 徐治国,黄红. 对城市雨水排水系统的一些思考[J]. 能源与环境,2008(6):7-8.
[36] 高学珑. 城市排涝标准与排水标准衔接的探讨[J]. 给水排水,2014(6):18-21.
[37] 谢映霞. 从城市内涝灾害频发看排水规划的发展趋势[J]. 城市规划,2013(2):45-50.
[38] Lemke D. Urban Interface Area model-Linking stormwater management and planning controls[J]. Aaustralian Planner,2009,46(4):14-15.
[39] Tobio J A S, Maniquiz-Redillas M C, Kim L H. Optimization of the design of an urban runoff treatment system using stormwater management model (SWMM)[J]. Desalination and Water Treatment, 2015,53(1):3134-3143.
[40] Burns M J, Schubert J E, Fletcher T D, et al. Testing the impact of at-source stormwater management on urban flooding through a coupling of network and overland flow models[J/OL]. Wiley Interdisciplinary Reviews: Water, 2015,2(4):291-300.
[41] 宁静. 上海市短历时暴雨强度公式与设计雨型研究[D]. 上海:同济大学,2006.
[42] M. B. 莫洛可夫,Г. Г. 施果林.. 雨水道与合流水道 [M]. 北京:建筑工程出版社, 1956:17-19.
[43] KEIFER C J, CHU H H. Synthetic storm pattern for drainage design [J]. Journal of the hydraulics division, 1957,83(4):1-25.
[44] PILGRIM D H, CORDERY I. Rainfall temporal patterns for design floods [J]. Journal of the Hydraulics Division, 1975,101(1):81-95.
[45] HUFF F A. Time distribution of rainfall in heavy storms [J]. Water resources research, 1967,3(4):1007-19.
[46] YEN B C, CHOW V T. Design hyetographs for small drainage structures [J]. Journal of the Hydraulics Division, 1980,106(6):1055-1076.
[47] US Department of Agriculture, National Engineering Hand book, section 4: Hydrdogy [M]. Washington DC:Conservation Service,Engineering sior Division,1985.
[48] 赵广荣. 设计暴雨雨型的时程分配[J]. 水利水电技术,1964(1):38-42.
[49] 牟金磊. 北京市设计暴雨雨型分析[D]. 兰州:兰州交通大学, 2011.
[50] YEN B C ,CHOW C T. Design hyetograpbs for small drainage structures[J]. Journal of the Hydraulics

Division, 1980 ,106(6):1055-1076.

[51] 王敏,谭向诚. 北京城市暴雨和雨型的研究[J]. 水文, 1994(3):1-6,64.

[52] 岑国平, 沈晋, 范荣生. 城市设计暴雨雨型研究[J]. 水科学进展, 1998(1): 42-47.

[53] 王家祁. 中国设计暴雨和暴雨特性的研究[J]. 水科学进展,1999(3):328-336.

[54] 杨星,朱大栋,李朝方, 等. 按风险率模型分析的设计雨型[J]. 水利学报,2013,44(5):542-548.

[55] 蒋明. 新暴雨形势下上海市设计暴雨雨型研究[J]. 湖南理工学院学报(自然科学版),2015,28(2):69-73,80.

[56] 俞露,荆燕燕,许拯民. 辅助排水防涝规划编制的设计降雨雨型研究[J]. 中国给水排水,2015,31(19):141-145.

[57] 朱勇年. 设计暴雨雨型的选用——以杭州市为例[J]. 中国给水排水,2016,32(1):94-96.

[58] 王材源,杨忠山,王亚娟, 等. 变化环境下北京市长历时暴雨雨型延长分析[J]. 北京水务,2017(z1):47-50.

[59] 李志元,黄晓家,何嫒媛. 设计暴雨雨型推求方法研究[J]. 市政技术,2018,36(1):141-143,150.

[60] 叶姗姗,叶兴成,王以超, 等. 基于 Copula 函数的设计暴雨雨型研究[J]. 水资源与水工程学报,2018,29(3):63-68.